U0271979

农业信息服务
标准体系框架研究

罗长寿　孙素芬　编著

中国农业科学技术出版社

图书在版编目（CIP）数据

农业信息服务标准体系框架研究/罗长寿，孙素芬编著．—北京：中国农业科学技术出版社，2015.12

ISBN 978 - 7 - 5116 - 2360 - 7

Ⅰ.①农…　Ⅱ.①罗…②孙…　Ⅲ.①农业经济-信息管理-标准体系-研究-中国　Ⅳ.①F322 - 65

中国版本图书馆 CIP 数据核字（2015）第 259736 号

责任编辑	徐　毅
责任校对	马广洋

出 版 者	中国农业科学技术出版社
	北京市中关村南大街 12 号　邮编：100081
电　　话	（010）82106631（编辑室）　　（010）82109702（发行部）
	（010）82109709（读者服务部）
传　　真	（010）82106631
网　　址	http://www.castp.cn
经 销 者	各地新华书店
印 刷 者	北京富泰印刷有限责任公司
开　　本	850 mm ×1168 mm 1/32
印　　张	5.25
字　　数	150 千字
版　　次	2015 年 12 月第 1 版　2015 年 12 月第 1 次印刷
定　　价	15.00 元

前　言

随着国家信息化战略的深入推进，新型信息传播渠道及服务方式井喷式发展，经济引擎作用不断凸显。以传播载体多元、实时灵活快捷、受众深入渗透为特点的新媒体服务已成为农业信息服务发展新趋势，它在破除信息不对称、降低中间成本、提升生产效益方面扮演着重要角色。由于在服务过程中缺乏相应标准规范，制约了农业信息服务效用的最大限度发挥，降低了信息化对农业经济发展的倍增效应。对此，在《"十一五"时期全国农业信息体系建设规划》与《全国农业农村信息化发展"十二五"规划》两个五年规划中，国家均明确提出要"建立农业信息标准体系"，标准化建设上升到前所未有的高度。农业信息服务标准体系框架作为相应的内容，可以对已有标准进行有序组织和梳理，是促进农业信息服务行业科学、持续、健康发展的有效途径。

编者长期致力于农业信息服务的研究和实践，建设了丰富的农业信息资源，搭建了多通道、全方位的农业信息服务平台，探索了应时应季应需的多种农业信息服务模式，在京郊及全国范围内开展了系列信息服务工作；同时参加了北京市、国家行业等相关标准的研究、制订工作。《农业信息服务标准体系框架研究》一书正是在这一背景下形成的。本书重点对农业信息服务发展、标准化研究及标准制定等现状进行了分析，对框架的构建原理进行了阐述，在充分考虑框架的农业特性、信息化特性及服务特性的基础上，从农业信息服务通用基础标准、服务保障标准、服务提供标准3个子体系出发，构建了农

1

业信息服务标准体系框架，最后对农业信息服务标准体系的应用实施提出了措施建议，并对标准体系的建设和发展进行了展望。希望本书能够为农业信息服务的标准化、规范化等略尽绵薄之力，以促进农业信息服务更加精准，成效更加显著。

在标准体系建设理论研究等过程中，得到了北京市科学技术委员会、北京市农村工作委员会、北京市农业局以及北京市农林科学院科研管理处、科技推广处等主管部门多方面的关心和支持；同时，北京市质量技术监督局、北京标准化研究院为本研究提供了大量标准建设方面的业务指导，在此一并表示感谢！

本书编写受到以下项目的资助，特此感谢：1. 国家科技支撑计划课题：发达地区省级农村信息服务平台构建与应用（2014BAD10B02）；2. 质检公益性行业科研专项：农业社会化服务标准体系—农技推广和农业信息化标准体系及重要标准研究（201310210）；3. 北京市农林科学院青年基金课题"基于知识地图的农业科技在线咨询系统研究应用"（QNJJ201534）；4. 北京市农林科学院条件平台建设项目"北京农村远程信息服务工程技术研究中心"。

鉴于编者技术水平有限，书中的错误在所难免，敬请各位同行和广大读者批评指正。

编　者
2015 年 9 月

目　录

第一章 绪　论

第一节　农业信息服务标准体系
框架研究的背景意义

一、研究背景

21 世纪信息技术高速发展，农业生产方式正由自然资源依附型，向信息、知识依附型——信息农业生产力型转变。经过国家"十一五"时期的努力攻坚，以及"十二五"时期的持续建设，北京、上海等经济发达地区农业信息化建设实现了快速发展，成效显著。农业信息服务作为新时期现代农业的伴生服务，是在农业信息化建设取得阶段性成效之后，成为推动农业信息化成果应用转化的重要中介和桥梁，以及解决农业信息化"最后一公里"的重要手段。在此情况下，现代农业信息服务体系逐步建立和完善，为农村跨越式发展注入了新的动力，成为推动农业现代化进程的重要力量。随着其作用的不断发挥，服务标准化建设日臻显著，其标准化的进程缓慢已经制约了农业信息服务效用的发挥。简单地说，农业标准化的目的就是根据统一、简化、协调及优化的原则，把农业生产经营管理服务实践中积累和总结出的经验同国内外先进农业科学技术成果进行整合，纳入农、林、牧、渔各业的产前、产中、产后全过程，以标准、规程或规范的形式来指导、规范人们的生产、加工、经营及销售等活动，以达到提高产品质量、增加经济效益的目的。农业信息服务与标准化的结合，能够促进科学技术成果经验的价值最大化，使其更加有利于推动农业现代化发展。因此，近年来，无论是从国家政策导向，还是从行业发展需求各个层面，农业信息服务相关标准建设都受到了高度关注。

（一）国家政策导向开启农业信息服务标准化研究

在国家层面，自 2004 年以来，每年的中共中央"一号文件"及农业部信息化发展规划反复多次明确提出要加强农业信息化建设及相关技术成果服务应用，并明确提出了推进相应标准制定的指导思路。

2004 年中共中央"一号文件"在开展农村公共服务标准化试点工作中指出：推进城乡基本公共服务均等化，有效整合各类农村文化惠民项目和资源，推动县乡公共文化体育设施和服务标准化建设。

2006 年中共中央"一号文件"在加强农村现代流通系统建设中指出：积极推进农产品批发市场升级改造，促进入市农产品质量等级化、包装规格化。加快农业标准化工作，健全检验检测体系，强化农业生产资料和饲料质量管理，进一步提高农产品质量安全水平。

2007 年中共中央"一号文件"在加快农业信息化建设中更加明晰地提出：健全农业信息收集和发布制度，整合涉农信息资源，推动农业信息数据收集整理规范化、标准化。加快建设一批标准统一、实用性强的公用农业数据库，提高资源利用率。

在中共中央"一号文件"指引下，国家各部委也对农业信息标准化工作进行了部署。

2007 年 2 月农业部在《"十一五"时期全国农业信息体系

制定建设规划》明确提出要建立完善的农业信息标准体系框架，制定农业科技、农产品市场、政策法规等信息采集、处理标准和信息服务规范。

2011 年 12 月农业部发布的《全国农业农村信息化发展"十二五"规划》更加明晰了农业农村信息化各下属领域所涉及的标准化工作，明确指出要建立农业农村信息化标准体系，完善各项信息化工作规范，有序推进全国各地农业农村信息化进程。

在总体原则方面，提出建立规范的农业农村信息化工作流程和监督机制，制定和完善相关标准，并强化制度和标准执行力度。

在"加强网络与信息安全保障"方面，强调"健全网络与信息安全法律法规，完善农业信息安全标准体系和认证认可体系，实施信息安全等级保护、风险评估等制度"。

在"大力发展农业电子商务"方面，强调"制定农业电子商务相关法律法规，加快制定农产品标准规范，加强交易双方的信用管理，积极发展以电子商务为导向的配送物流，完善农业电子商务体系"。

在重点工程部署中，针对"金农工程"二期建设，指出"加大农业信息标准制定和推行的力度，推进各部门涉农信息资源的集成和整合，实现涉农公共数据的广泛兼容和共享"。针对"种植业生产信息化"建设，指出要提升生产信息化、标准化水平，提高农作物单位面积产量和农产品质量。针对"农业信息服务工程"，提出"要按照'资源整合，协同共享'的思路，重点建设部、省、地市和县四级农业综合信息服务平台体系，建设统一的运行管理标准规范，实现及时准确的针对性服务"。

（二）行业发展需求推动农业信息服务标准化建设

1. 农业信息化建设已取得积极成效

在各级各部门多年政策大力推动下，经过多年建设，我国

3

农村信息网络基础设施建设不断改善。宽带光纤、电信通讯线路、通讯基站以及广播电视塔、台、基站等发展迅速，已经形成了覆盖全国的互联网、电话、移动通讯网以及广播电视网的立体化通讯设施网络体系。在信息资源方面，农业信息采集渠道不断完善，一批重要的农业农村信息数据库相继建立，信息资源极大丰富。在技术系统应用方面，现代信息技术在大田种植、设施园艺、畜禽养殖及水产养殖中应用逐步深入。新技术如物联网、云计算等开始试点性应用。在当前农业高产、优质、高效、生态和安全的要求下，以及我国农业生产方式向集约化生产、产业化经营、社会化服务、市场化运作以及信息化管理转变的大趋势下，农业信息技术的应用正从单项应用向综合集成应用过渡。在农业信息服务体系方面，已经建立了"省—市—县—乡—村"五级网络体系，"县有信息服务机构、乡有信息站、村有信息点"的服务组织格局基本形成，充分利用电话、电视、电脑等信息载体提供符合当地农业生产和生活需求的信息服务平台不断搭建。农业信息化建设取得了显著成效。

2. 标准化是保障农业信息服务质量的重要措施

随着农业现代化的发展，对农业信息化及农业信息服务提出了更高的要求。全国农业信息化正处于快速提升、服务发散的发展阶段，如果没有相关规范的约束，势必造成整体工作的无序状态。加强农业农村信息化建设是推进国家信息化进程的重要方面，也是推进农业现代重大举措。在这一过程中，如何有效地开发和利用农业信息资源、农业信息技术和发展农业信息产业，如何保障信息化基础设施建设的优质高效和信息网络的无缝对接，如何确保各个系统间的互联互通和互操作性，如何保护信息的安全和可靠等，是信息化建设面临的关键问题，事实上，由于管理机制不健全，基础设施建设虽然上去了，服务效果和质量却很难保证，很大程度上造成了农业科技信息资源的浪费，也打击了农民的需求热情。在"十三五"农业信息服务发展新阶段，如何促进信息化系统资源有效运维，保障服务质量、提高服务成效，确保农业信息化建设成果取得应用实效，促进农业信息服务行业规范有序发展，是农业信息化发展的面临的关键问题。国内众多发展实践表明，解决这些问题的重要手段之一就是标准化。因此，加快农业信息标准体系建设是保证农业信息化顺利进行的重要措施和关键环节。

3. "互联网＋"新发展催生标准化新需求

当前，随着信息技术在各个行业的创新应用和快速深化，信息化加速向互联网化、移动化、智慧化方向演进，催生了"互联网＋"经济新业态。"互联网＋农业"也必将引发农村经济社会结构、组织形式、生产生活方式发生重大变革，以智慧农业、互联网农产品电子商务、互联网农业产业链为主要特征的高度信息化社会将在"十三五"期间引领我国迈入转型发展新时代，这为农业标准化提出了新的更高要求。农业部经济师张玉香提出，"标准化集现代科学技术和现代管理技术于一体，具有科技推广和科学管理的双重性，农业标准化又是数量农业向质量农业发展的腾飞之翼，抓住了标准化，就抓住了现代农业发展的关键"。显然，有效地运用标准化手段，能将投入的资源要素得到充分利用，使整个体系有效运转，从而获得优化地服务成效和结果，从而加快农业现代化进程。

二、研究意义

农业信息服务由于缺乏相关标准和规范，信息化建设成效及服务效果受到了制约。本研究通过系统调研和归纳现有各种农业信息化建设的要素，以及农业信息服务的业务方式、流程，梳理已有标准，结合行业发展需求，研究农业信息服务标准体系框架，对推动农业信息标准化服务具有重要地实际意义和战略意义。

1. 有效提升服务质量，加速解决"最后一公里"问题

在当前农业信息资源指数级增长，农业信息系统平台层出不穷，农业信息服务组织及队伍不断壮大的背景下，信息质量的可靠性、系统平台的易用性、安全性以及服务组织队伍的有效管理等，直接影响着农业信息化建设的成败，直接影响农业用户对信息化"成果"的认可度，因为各种技术成果极有可能在直接面向农户的"最后一公里"中被搁置，急需有相关标准来进行规范化，为农业信息化成效显现提供重要基础和保障。我国目前还缺乏相关标准，对信息资源、系统平台及信息服务组织队伍等组成要素进行标准化，从而对服务提供流程、服务运行管理以及服务监督、反馈、考核及评价各个环节进行规范化管理和有效引导，这势必会影响到农业信息化的深入应用的广泛覆盖。因此，搭建标准体系框架，指导相关标准建立，对保障服务质量，助推农业信息技术成果深入应用转化具有重要作用。

2. 有效促进部门协作，提供资源高效利用效率

农业信息服务需要多部门参与。在发展初期，从横向来看，由于不同部门的农业信息化建设呈现出从自我需求出发的自由状态，容易形成工作上的重叠重复，不仅造成了人力、物力、财力资源的浪费，而且使有益成果、经验等资源共享困难。从纵向来看，由于缺乏从体系层面的服务规划和工作衔接，上层建设单位及推广部门着力点无法与基层用户需求有效对接，服务难以有的放矢，形成成果实用性不强，资源成果累积，转化率低；底层涉农用户科技需求大，服务及资源获取途径少，满足感低。从技术角度，理清农业信息化的基本要素，研究制定总体框架，对相关标准进行梳理和归置，使得整体信息化进程在遵守共同基本原则的基础上，保持信息化要素在内涵和外延一定程度一致，能为数据分析处理和广泛利用提供可能。同时，

在总体框架的指引下，使建设工作协调配合有序推进，打破长期形成的各种部门壁垒，是促进农业信息化共建及资源共享的有效途径。

3. 有效明确发展方向，促进行业健康持续发展

标准化是提升管理水平与服务质量、维护服务对象权益的重要技术手段，有利于推动建立最佳秩序，实现最佳经济效益和社会效益。开展农业信息服务标准体系框架研究，通过有序组织已有标准、正在制定的标准，规划急需制定的标准，建立科学合理的标准体系，能促进农业信息服务规范化管理和科学规划，明确发展蓝图和未来重点工作，降低农业信息服务发展的随意性，扩大农业信息服务对农业经济发展的倍增效应，引导农业信息化及服务健康、快速、可持续发展。

第二节 农业信息服务标准体系框架研究的相关方法

本研究主要通过文献资料分析、省市调研以及专家咨询等方法来开展研究。

一、文献分析

文献分析法是通过对文献搜集、鉴别、整理基础上，对研究主题进行分析，从而形成对事实的科学认识。该方法可以跨越时间、空间限制，从而对问题追本溯源，以全面地了解发展经过；此外，该方法是一种间接的、非介入性的调查，能避免口头获取信息而产生的主观偏差；最后，该方法是在前人和他人劳动成果基础上进行的调查，是获取知识的捷径，它不需要大量人员和特殊设备，可以用比较少的人力、经费和时间，获

得比其他调查方法更多的信息,是一种省时、省钱、高效的调查方法。

通过对 CNKI 中国知识资源总库、维普期刊资源整合服务平台、万方中国学位论文全文库等期刊、论文库调研,以及百度文库网络调研,查阅了系列论文、专著及资料,了解了农业信息服务的相关概念、农业信息服务体系研究现状、农业信息服务标准研究情况,对调查结果进行分类归纳整理,分析了不同专家学者观点,吸收有益思想。各大数据库查阅文献情况,如表 1 – 1 所示。

表 1 – 1　农业信息服务标准体系框架文献调查

查询数据库	文献量	备注
CNKI 中国知识资源总库	281 篇	主题为"农业信息服务"的相关文献 280 篇,主题为"农业信息服务"及"标准"的文献 1 篇
维普期刊资源整合服务平台	21 篇	主题为"农业信息服务"及"标准"的相关文献 16 篇,主题为"信息服务标准体系"的文献 5 篇
万方中国学位论文全文库	19 篇	主题为"农业信息服务体系"的相关文献 16 篇,主题为"信息服务标准体系"的相关文献 3 篇
百度文库等网络渠道	91 项	涉及相关领域信息服务标准体系研究报告、标准草案、管理规范等

二、现状调研

发展现状调查采取典型调查法。即从调查对象总体中选取一个或几个具有代表性的样本,直接地、深入地调查研究个别典型,从而认识同类事物的一般特点和规律。典型调查的目的不在于认识少数的几个典型,而在于借助于典型认识它所代表的同类事物的共性。

1. 省级典型调研

由于农业信息服务标准体系的研究需要有一定的前瞻性，在调查对象的选取上，选择了农业信息服务体系建设走在较为前列的省份，如在广东、浙江、山东、吉林等，开展了信息服务发展进程、管理机制、网络体系以及机制创新等方面的调研。具体如表1-2所示。

表1-2 农业信息服务标准体系省级调研情况

调研对象	调研内容
吉林省	农业信息服务网络建设、管理机制创新
内蒙古	巴彦淖尔盟12396信息共享服务模式
山东省	山东省省级信息服务平台及示范工程建设现状
湖南省	湖南省"一体两翼"农业农村综合信息服务平台发展现状、阶段成效
安徽省	安徽省农村信息云服务平台、综合服务站服务情况、经验模式
河南省	河南省农业信息服务体系、农业信息资源库建设情况及信息化技术应用情况
湖北省	湖北省"12316"三农热线省级平台及湖北农业信息网商务版建设运行情况调研
广东省	广东省农业综合信息服务站运行情况及服务体制机制创新调研
浙江省	浙江省"农民信箱"服务经验模式调研及农民科技培训发展情况

2. 北京市典型调研

农业主管部门、基础园区及信息服务站点是农业信息服务落地应用的重要载体。在北京层面，重点考察区县农业主管部门、农业信息化应用产业园区及乡镇村信息服务站的系统建设情况，信息服务人员配备，信息服务管理和运维等情况，明确农业信息服务深入发展过程中存在的问题，了解各部门在农业信息服务标准化方面的需求，从而为构建通用可行的农业信息服务标准体系提供客观翔实的一手资料（表1-3）。

表1-3　农业信息服务标准体系北京市典型调研情况

调研对象		调研内容
农业主管部门	北京市平谷信息中心	农业信息服务体系建设现状及发展需求调研
	北京市大兴区农委	农业信息服务体系建设现状及发展需求调研
	北京市农业局信息中心	"12316"农业综合信息服务平台运行管理现状调研
企业园区、基地及合作社	北京延庆绿富隆有机蔬菜基地	物联网技术产品在农产品流通领域的应用服务情况调研
	北京通州瑞正园农庄	基于物联网的冷链物流系统应用调研
	北京波龙堡葡萄酒庄物联网应用示范基地	利用物联网技术实现葡萄酒生产加工配送全程管理应用情况调研
	北京延庆县的北京绿菜园蔬菜专业合作社	有机蔬菜生产信息化智能监控系统在蔬菜生产中应用调研
	北京延庆镇广积屯种植园区	便携式小型气象站在温室中的应用调研
	北京平谷区智能化配方肥生产示范中心	智能化配方施肥生产系统示范应用情况调研
	北京市益农兴昌农产品产销专业合作社	农产品质量安全监管信息平台服务情况调研
	北京顺鑫农业股份有限公司	籽种信息化交易平台服务情况调研
	北京北菜园蔬菜专业合作社	智能社区配送系统信息服务模式调研

调研对象		调研内容
镇村信息服务站	大兴安定农业综合服务中心	镇级农业信息服务手段、服务运行管理情况及标准化需求调研
	大兴徐柏村农业信息服务站	村级农业信息服务手段、服务运行管理情况及信息服务需求调研
	平谷农村数字化资源港	信息化设备管理现状、信息服务过程中存在的问题调研

三、专家研讨

专家研讨主要是选择不同领域专家,通过组织会议,邮件发函的方式,发挥专家集体智慧力量,从而对讨论议题提出有益意见和改进方法。其中,专家会议特别有助于专家们交换意见,通过互相启发,可以弥补个人意见的不足;通过内外信息的交流与反馈,产生"思维共振",进而将产生的创造性思维活动集中于预测对象,在较短时间内得到富有成效的创造性成果,为决策提供有效依据。

本研究过程中,在综合农业信息服务发展现状以及标准化需求的基础上,提出农业信息服务标准体系初步方案。针对标准体系方案草案,组织农业行业专家、农业信息化专家、农业技术推广服务专家及标准化专家进行了分析、研讨,听取讨论指导意见,不断进行修改和完善,直至形成能被大多数专家认可的农业信息服务标准体系。专家咨询方法流程,如图 1-1 所示。

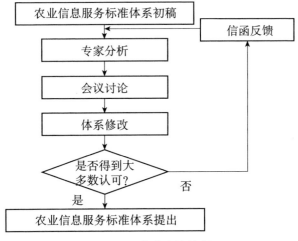

图 1 - 1　专家咨询流程

第三节　农业信息服务标准体系框架
研究的基本架构

　　本研究通过对我国农业农村信息化基本要素和标准化方法进行深入系统的研究，提出农业信息服务标准体系框架。以从标准化角度，促进农业信息服务部门协作和资源共享，加速技术成果最后一公里转化，为促进农业信息服务健康持续发展提供理论参考和有益建议。

　　全书首先对农业信息服务标准化研究的政策背景、农业信息服务发展需求背景进行梳理分析，阐述了研究的必要性和意义。接着讨论了农业信息服务相关概念的内涵和外延，阐述了农业信息服务、农业信息服务标准及标准体系三者之间的相互关系以及标准体系构建原理，为后续开展农业信息服务标准体系框架制定提供了理论基础。进一步重点分析了农业信息服务的发展现状、标准建设及研究现状，以提取标准体系框架的基本要素，明确各个子体系的内容。在此基础上，构建农业信息服务标准体系框架，阐述了框架的构建依据、结构模型、框架图及内容说明，进行了农业信息服务标准体系明细分析。最后对本标准体系框架的实施提出了建议，对后期研究重点进行了展望（图1－2）。

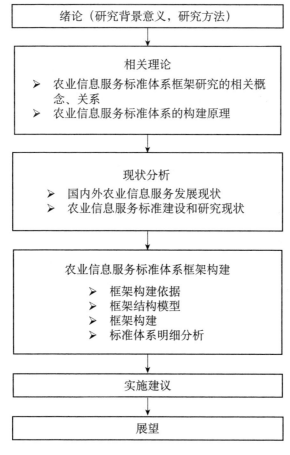

图1－2　农业信息服务标准体系框架研究的基本架构

第二章 农业信息服务标准体系框架研究的相关理论

第一节 农业信息服务标准体系框架研究的相关概念、关系

一、农业信息服务标准体系相关概念

（一）信息

信息，指音讯、消息、通讯系统传输和处理的对象，泛指人类社会传播的一切内容。人通过获得、识别自然界和社会的不同信息来区别不同事物，得以认识和改造世界。在一切通讯和控制系统中，信息是一种普遍联系的形式。"信息"一词在英文、法文、德文、西班牙文中均是"information"，日文中为"情报"，我国台湾称之为"资讯"，我国古代用的是"消息"。作为科学术语最早出现在哈特莱（R. V. Hartley）于1928年撰写的《信息传输》一文中。20世纪40年代，信息的奠基人香农（C. E. Shannon）给出了信息的明确定义，此后许多研究者从各自的研究领域出发，给出了不同的定义。具有代表意义的表述如下。

信息奠基人香农（Shannon）认为"信息是用来消除随机

不确定性的东西"，这一定义被人们看做是经典性定义并加以引用。

控制论创始人维纳（Norbert Wiener）认为"信息是人们在适应外部世界，并使这种适应反作用于外部世界的过程中，同外部世界进行互相交换的内容和名称"，它也被作为经典性定义加以引用。

经济管理学家认为"信息是提供决策的有效数据"。

电子学家、计算机科学家认为"信息是电子线路中传输的信号"。

我国著名的信息学专家钟义信认为"信息是事物存在方式或运动状态，以这种方式或状态直接或间接的表述"。

美国信息管理专家霍顿（F. W. Horton）给信息下的定义是："信息是为了满足用户决策的需要而经过加工处理的数据。"简单地说，信息是经过加工的数据，或者说，信息是数据处理的结果。

根据对信息的研究成果，科学的信息概念可以概括如下：

信息是对客观世界中各种事物的运动状态和变化的反映，是客观事物之间相互联系和相互作用的表征，表现的是客观事物运动状态和变化的实质内容。

综合上述观点，本研究从信息的应用角度出发，认为信息是为了满足用户决策的需要而经过加工处理的数据，是提供决策的有效数据。

（二）农业信息

简单地说，农业信息是指与农业活动有关的信息。《现代农村经济辞典》和《市场经济学大辞典》同时认为农业信息指与农业生产有关的消息、情报、数据的总称，它是对农业生产、流通、交换和消费过程及其属性的一种客观描述。

根据研究目的的不同，学者们从不同角度对农业信息进行了更为具体详细的定义。我国较早对农业信息进行定义的王慧军（1982）认为，农业信息是农业系统内部、农村社会等各个领域、各个层次产生并发挥作用的信息内容，是直接或间接与农业推广活动相关的信息资源，它包括农业资源信息（自然资源、社会资源、农业区划等）、农业政策信息（国家法律法规和各级政府对农业的优惠扶持政策等）、农业生产信息、农业教育信息、农产品市场信息、农业经济信息、农业人才信息、农业推广管理信息等诸多方面。王慧军的定义内容十分宽泛，包括了与农业活动有关的各方面、各层次的所有信息。

樊元芬（1995）认为，农业信息是指与农业生产、加工或经营有关的一切消息、情报、数据、资料等的总称。或者说，农业信息就是用一定形式组织起来，以按照经济规律和自然规律发展农业生产为目的，收集、分析、综合加工和储存农业情况，起参谋作用的一种科学劳动。

刘虹（2003）认为农业信息是指与农业生产、加工和经营有关的一切消息、情报、数据、资料等的总称，是农业科研、教育、生产、农村经济和社会发展的重要资源。刘虹的定义从农业产业链出发，并强调了农业信息的重要性。

王人潮（2003）从侧重于地球空间信息科学与地理信息科学的角度对农业信息进行定义：以农业科学和地球科学的基本理论为基础，以农业生产活动信息为对象，以信息技术为支撑，进行信息采集、处理分析、存储传输等具有明确的时空尺度和定位含义的农业信息的输出与决策。王人潮强调了农业自然资源禀赋条件的信息，他的定义方便了对"精准农业"、"信息农业"的研究。

李道亮（2007）认为，农业信息是指与农业、农村、农民有关的一切消息、情报、数据、资料等的总称。它包括农业资源信息（自然资源、社会资源、农业区划等）、农业政策信息（国家法律法规和各级政府对农业的优惠扶持政策等）、农业生产信息、农业科技信息、农业教育信息、农产品市场信息、农业经济信息、农业人才信息、农业推广管理信息等诸多方面。李道亮的定义从"三农"出发，内容宽泛，偏重于根据信息内容划分的信息类型。

借鉴上述专家学者对农业信息的界定，本研究从农业信息服务标准体系研究角度出发，主要侧重于应用于服务的农业信息资源的分类研究，所指农业信息按照内容分为农业资源环境信息、农村社会经济信息、农业生产技术信息、农产品信息、农业工程技术信息、农业科学数据资源信息。

（三）农业信息化

信息化是充分利用计算机软硬件技术和产品，通过信息资源的开发利用，促进经济发展和社会进步的长期过程。我国农业信息化是在 1993 年农业与农村研讨会上关于农业可持续发展时提出来的，在我国农业信息化的发展过程中，由于实现形式、手段、方法不同，对农业信息化的内涵和特征理解也不相同。近年来，随着农业信息化从战略到实施、从技术到应用、从理论到实践、从局部到全面的迅速推进，人们对农业信息化内涵的认识不断深化、丰富、完善。

中国电子信息产业发展研究院将农业信息化定义为：利用现代的信息技术和信息系统为农业产供销及相关的管理和服务提供有效信息支持，并提高农业综合生产力和经营管理效率的相关产业总称。

梅方权（2001）认为，农业信息化应当是农业全过程的信息化，是用信息技术装备现代农业，依靠信息网络化和数字化支持农业经营管理，监测管理农业资源和环境，支持农业经济和农村社会信息化，农业信息化的内涵至少应包括以下五个领域：农民生活消费信息化，农业基础设施信息化，农业科学技术信息化，农业经营管理信息化，农业资源环境信息化。

张娜（2011）认为农业信息化是农业全过程的信息化，是用信息理论和技术装备农业，在农业领域充分利用信息技术的方法手段和最新成果的过程，具体是指在农业生产、市场流通、消费以及农村经济、社会、技术等各个环节各个层面，全面运用现代信息技术和智能工具，加速传统农业改造，大幅度地提高农业生产效率和农业生产力水平，实现农业生产、农产品营销、农产品消费的科学化、智能化，促进农业持续、稳定、高效发展的过程。

黄水清（2012）认为农业信息化是社会信息化的一部分，首先表现为一种社会经济形态，是农业经济发展到特定程度的概念描述；其次是传统农业基于信息技术和手段向现代农业演进的过程，表现为农业从以手工操作或机械化操作为基础向以知识技术和信息控制装备及服务为基础的发展过程，是指现代信息技术在农业产业部门应用的过程，是一种大规模综合集成的系统工程。

张振国（2013）认为农业信息化的含义可以从广义和狭义两个方面去理解：就广义而言是指信息技术和信息系统及各种信息传播手段运用到农业生产、流通、消费各个领域的过程；狭义是指以计算机技术、通信技术、网络技术为基础通过网络把农业生产、经营、管理、服务进行相互有效交流和传递，达到提高农业的综合生产力和经营管理效率，改变农村落后的社会生活的过程。

综合以上观点，本研究认为农业信息化是指在农业生产、市场流通、消费以及农村经济、社会、技术等各个环节各个层面，全面运用计算机技术、通信技术、网络技术、多媒体技术、3S 技术、物联网技术等，通过信息资源的充分开发利用，大幅度地提高农业生产效率和农业生产力水平，实现农业生产、农产品营销、农产品消费的科学化、智能化，促进农业持续、稳定、高效发展的过程。

（四）农业信息服务

随着农业信息服务行业的逐步发展，农业信息服务的定义也越来越具体明确。农业部农业信息中心认为，农业信息服务是指信息服务机构以涉农用户需求为核心展开信息搜集、生产、加工、传播等服务。

李应博（2006）提出，农业信息服务是由政府、企业、农业高校与科研机构、农村合作组织等农业信息服务主体通过开发和运用各种现代化信息技术手段，采用多种方式，为农业的产前、产中、产后提供各类信息资源，最终推动中国农业信息化和现代化所进行的一系列活动。

李道亮（2007）提出，将农业信息服务定义为充分利用现有的信息资源和传播媒体，为农业信息需求者，主要针对广大农户，通过试验、示范、培训、指导以及咨询服务等方式，提供及时、准确和安全的农业信息来引导农民，增进其知识，提高其技能，改变其态度，增强其自我决策能力，促使其自愿改变行为，从而使农业科技普及应用于农业生产产前、产中、产后全过程的活动。

农业部农业信息中心的观点权威简洁，是农业信息服务的基本定义；李道亮的观点进一步丰富了农业信息服务的形式以及服务效果目的；李应博的观点则明确了农业信息服务的服务主体、服务对象、服务手段、服务内容及服务效果。

综合以上观点，本研究认为农业信息服务是以涉农用户的信息需求为中心，通过有效的技术手段，为其提供农业产前、产中、产后各类有价值农业知识、信息和实用技术技能的活动，其最终目标是促进农业产业发展和生产力水平的提升。

（五）标准

关于标准，国际标准化组织（ISO）的标准化原理委员会

（STACO）以"指南"的形式给"标准"的定义为：标准是由一个公认的机构制定和批准的文件。它对活动或活动的结果规定了规则、导则或特殊值，供共同和反复使用，以实现在预定领域内获得最佳秩序的效果。

我国国家标准 GB20000.1—2002《标准化工作指南第 1 部分：标准化和相关活动的通用词汇》中规定：标准是"为了在一定范围内获得最佳秩序，经协商一致制定并由公认机构批准，共同使用的和重复使用的一种规范性文件"。并注明："标准宜以科学、技术和经验的综合成果为基础，以促进最佳的共同效益为目的"。这个定义也是国际电工委员会（IEC）《ISO/IEC 导则 2：1996》中对标准的定义。

标准包含了 6 大要义，即：

对象 ——重复性的事物；

目的 ——获得最佳秩序（确保质量，提高效益）；

制定规则 ——各方协商一致；

批准发布 ——公认的权威机构；

内容 ——科学技术成果和生产经验的总结；

适用范围 ——一定范围内共同实施。

（六）标准化

所谓标准化，就是标准推进的过程。标准化与标准相比多一个"化"字，标准的定义明确了，标准化也就好理解了。标准是规范性"文件"；标准化指的是制定标准、实施标准的一系列"活动"，如标准的制定，依据标准所进行的培训、检验检测、认证、监督抽查等等。简单地说，标准化是有目的的制定、发布、实施标准的活动。

关于标准化，我国国家标准 GB20000.1—2002《标准化工作指南第 1 部分：标准化和相关活动的通用词汇》中规定：标准化是"为了在一定范围内获得最佳秩序，对现实问题或潜在问题制定共同使用和重复使用的条款的活动"。并注明："1. 上述活动主要包括编制、发布和实施标准的过程；2. 标准化的主要作用在于为了其预期的目的改进产品、过程或服务的适用性，防止贸易壁垒，并促进技术合作"。同样，该定义也是国际标准化组织（ISO）和国际电工委员会（IEC）《ISO/IEC 导则 2：1996》中对标准化的定义。

（七）标准体系

标准体系是指一定范围内的标准按其内在联系形成的科学有机整体。"一定范围"是指标准所覆盖的范围。"内在联系"是指上下层次联系，即共性与个性的联系和左右之间的联系，即互相统一协调、衔接配套的联系。"科学的有机整体"是指为实现某一特定目的而形成的整体，它不是简单的叠加，而是根据标准的基本要素和内在联系而组成的，具有一定集合程度和水平的整体结构。

标准体系在标准化中占有不可或缺的地位，它包括标准体系编制说明、标准体系框架、标准体系表 3 部分。其中，标准体系框架是标准体系的重要组成部分，它表现为一种标准分类方法，用来对标准进行粗线条的分类，通过它可以把大量的已定制的无序的标准映射为有序子体系，划清各部分的接线，并能发现标准制定的空白领域，提出需要加强的方面。

根据《服务业组织标准化工作指南》（GB/T 24421—2009），服务业组织的标准体系由服务通用基础标准体系、服务保障标准体系、服务提供标准体系三大子体系组成。农业信息服务标准体系是对农业信息服务过程中服务基础、服务保障及服务提供标准化要素进行识别和搭建形成的有机整体，是标准级别、标准分布领域和标准类别相配套的协调统一体系。

二、农业信息服务、农业信息服务标准与标准体系之间的关系

在农业信息服务实践发展过程中，农业信息服务、农业信息服务标准和农业信息服务标准体系三者相互影响，不可分割，共同推进了农业信息服务的快速发展。三者之间的相互关系可简单用下图描述。

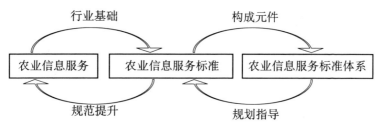

图 农业信息服务、农业信息服务标准与标准体系之间的关系

（一）农业信息服务的发展是标准制定的行业基础

标准制定与行业发展密不可分，行业发展状况直接决定标准发展水平，标准是行业发展到一定阶段的产物。农业信息服务行业的发展促进农业信息服务标准的制定，农业信息服务行业的发展需求是农业信息服务标准制定的基础和前提条件，没有行业的发展需求就没有行业相关标准的制定需求。如农业信息服务基础设施方面，我国农村网络、通讯基础设施建设不断改善为农业信息服务保障标准中基础设施设备标准的制定奠定基础；农业信息服务资源建设方面，农业信息采集渠道不断完善、农业信息数据库不断建设为农业信息资源建设相关标准的制定奠定基础；农业信息服务网络系统方面，随着信息技术的发展农业信息服务网络系统不断建立完善，为农业信息网络系

统标准的制定奠定基础；农业信息服务体系和机构组织方面，"国家、省、市、县、乡、村"六级服务组织体系基本形成，为农业信息服务体系和组织机构相关标准的制定奠定基础。

（二）农业信息服务标准是其标准体系的构成元件

简而言之，标准体系由多个具体标准按规律构成，多个农业信息服务标准都包含在农业信息服务标准体系之中，单个标准是农业信息服务标准体系构成的基本元件。因此，单个标准建设对标准体系建设意义重大。对于一个具体的领域而言，一般该领域相关标准发展越成熟该领域的标准体系建设就越清晰。自下而上看，作为构成标准体系的基本元件农业信息服务标准支撑着农业信息服务标准体系，农业信息服务标准的制定对农业信息服务标准体系的形成和完善有促进作用，农业信息服务标准充实了农业信息服务标准体系的内容。

（三）农业信息服务标准体系规划指导标准的制定

农业信息服务标准体系是由农业信息服务领域内的多个标准按其内在联系形成的科学有机整体，因此，它是所有农业信息服务标准的体系架构。自上而下看，农业信息服务标准体系的建立对农业信息服务标准的制定具有方向指导、统筹规划、顶层设计的作用。制定农业信息服务标准体系框架，摸清农业信息服务行业中各标准的颁布情况有利于发现标准的空白点，对制定相关标准和标准体系建设意义重大。

（四）农业信息服务标准规范提升该行业发展进步

农业信息服务行业属于农业和服务业的交叉行业，是服务于第一产业农业生产的第三产业，该行业的发展即要参照农业标准和服务业标准，又要参照其特有的农业信息服务标准。农业信息服务标准通过规范农业信息服务的服务提供、服务保障等方方面面，最终提升农业信息服务质量，促进农业信息服务行业的发展。有效地运用标准化手段，能充分利用投入的资源要素，使整个体系有效运转，从而获得优化的服务成效。加快农业信息服务标准体系研究和相关标准的制定是保证农业信息服务行业规范有序发展的重要措施和关键环节，农业信息服务标准的制定和推行有助于推进农业信息服务行业的发展和规范化。

第二节　农业信息服务标准体系的构建原理

原理，是指自然科学和社会科学中具有普遍意义的基本规律，是在大量观察、实践的基础上，经过归纳、概括而得出的，其既能指导实践，又必须经受实践的检验。农业信息服务标准体系构建既要符合标准体系构建的通用原理，又因农业信息服务行业特有的行业属性而需要遵循其行业本身的规律。通过总结农业信息服务标准体系构建的规律和经验，将农业信息服务标准体系构建原理分为农业信息服务标准体系构建总体原则、构建方法和构建后管理原则3个部分。

一、农业信息服务标准体系构建原则

（一）全面系统，重点突出

农业信息服务标准体系的构建除了需要考虑信息资源、信息系统平台以外，还应该考虑信息安全、服务组织、服务人员、服务提供等方面。本研究立足农业信息服务各业务领域，把握当前和今后一个时期内农业信息服务标准化建设工作的重点任务，确保农业信息服务标准体系的结构完整和重点突出。

（二）层次清晰，避免交叉

基于对农业信息服务要素的科学分类，按照体系协调、职责明确、管理有序的原则编制、架构农业信息服务标准体系，确保总体系与子体系之间、各子体系之间，以及标准之间的相互协调，避免交叉与重复。

（三）开放兼容，动态优化

由于农业信息服务始终处于发展变化中，因此必须保持农业信息服务标准体系的开放性和可扩充性，为新的标准项目预留空间，同时结合农业信息服务的发展形势需求，定期对标准体系进行修改完善，提高农业信息服务标准体系的适用性。

（四）基于现状，适度超前

立足农业信息服务建设及研究现状，以及标准化的现实需求，分析未来农业信息服务的发展趋势，建立适度超前、具有可操作性的标准体系，使标准体系框架能够适应农业信息服务的迅猛发展。

二、农业信息服务标准体系构建方法

农业信息服务标准体系构建必须依据原则，根据实践要求，因地制宜采取一定的方法，保证农业信息服务标准体系构建的科学性和系统性，主要构建方法有简化、统一、协调和优化。

（一）简化

简化是在一定范围内缩减对象（事物）的类型数目，使之在既定时间内足以满足一般需要的操作方法。简化并不是消极的"治乱"措施，它不仅能简化目前的复杂性，而且还能预防将来产生不必要的复杂性。因此，简化是对标准体系构建过程中不必要的复杂和混乱的事物进行合理的缩减和统一的方法，是标准体系构建过程中常用的方法之一。

农业信息服务标准体系建设过程十分复杂，多样性在每一个过程均得以体现，只有在通过简化、选择最有效标准、优化标准、剔除效率不高甚至偏低的标准，才能以便捷的方式构建农业信息服务标准体系。在农业信息服务标准体系建设过程中，具有同种功能的标准，当其多样性的发展规模超出了必要的范围时，即消除其中多余的、可替换的和低功能的标准，保持其构成的精炼、合理，使总体功能最佳。

（二）统一

统一的目的是确立一致性，统一的前提是等效，把同类对象归并统一后，被确立的"一致性"与被取代的事物之间，必须具有功能上的等效，即从众多标准中选择一种而淘汰其余的，但选择对象所具备的功能至少应涵盖被淘汰对象所具备的功能。在统一化过程中要恰当把握统一的时机，经统一的确立的一致性仅适用于一定时期。统一化的概念同简化的概念是有区别的，前者着眼于取得一致性，即从个性提炼共性者；后者肯定某些个性同时并存，故着眼于精炼。

从农业信息服务标准体系构建的角度来说，统一的实质是使对象的形式、功能（效用）或其他技术特性具有一致性，并把这种一致性通过农业信息服务标准确定下来。统一的目的是消除由于不必要的过程多样化而造成的混乱，为农业信息服务标准体系建立共同遵循的秩序。当然农业信息服务标准体系建设过程中还有一些不能统一的现象，但这并不能证明统一方法的不通用，遇到这类问题，顺其特点，可寻找另外相统一之处。

（三）协调

协调是指依据系统科学原理，协调标准、标准体系各相对独立系统的内外因素到平稳和谐、最优发展水平。

在农业信息服务标准体系构建过程中，协调农业信息服务标准内部各要素相关关系，协调标准体系中各相关标准间的相互关系，以农业信息服务标准为接口协调各部门、各个环境之间的相互技术相关关系，解决各有关方连接和配合的科学性和合理性，使农业信息服务标准的制定和发展在一定时期保持相对均衡和稳定。

农业信息服务标准体系的功能有赖于每个标准本身的功能以及每个相关标准之间相互协调和有机联系来保证。为使农业信息服务标准体系有效地发挥功能，必须使农业信息服务标准体系在相互连接上保持一致性，使农业信息服务标准内部因素与外部约束条件相适应，从而为农业信息服务标准体系的稳定创造最佳条件。协调原理应用于农业信息服务标准体系构建可分为以下 3 个层次。

1. 农业信息服务标准内部系统之间的协调

在农业信息服务过程中，应用多项标准，做到服务的每一个环节与系统的协调以及环节之间的衔接性良好，达到整体功能最佳。

2. 相关农业信息服务标准之间的协调

农业信息服务提供过程涉及了多个标准，标准之间的协调显得十分重要。一般情况下，我们应当从最终服务的质量要求出发，对各个环节或要素给予必要的规定，从而保证整个相关标准之间的整体功能最佳。

3. 农业信息服务标准体系与其他标准体系之间的协调

农业信息服务过程不是孤立的，涉及了多个方面，如通信、信息技术、信息、管理等，这些标准体系之间的良好协调，会大大促进农业信息服务标准体系的高效实施。

（四）优化

优化是指按照特定的目标，在一定的限制条件下，对标准体系的构成及其相互关系进行选择、设计或调整，使之达到最理想的效果。

农业信息服务标准体系构建的最终目的是要通过制定和实施标准，指导和约束服务工作，促进取得最佳服务效益，能否达到这个目标，取决于标准体系建设一系列工作的质量。在农业信息服务标准体系构建过程中应始终贯穿着"最优"思想。但在农业信息服务标准体系构建的初级阶段，标准体系的构建往往凭借标准体系起草和审批人员的局部经验进行决策，常常不做方案论证，即使论证也比较粗略。因而，被确定的方案常常不是最优的，尤其不易做到总体最优。这就影响到农业信息服务标准体系整体效果的发挥。随着生产和科学技术的迅速发展，农业信息服务标准体系构建涉及的系统也日益复杂和庞大，构建方案的最优化问题更加突出、更加重要了。

三、农业信息服务标准体系管理原则

由于标准体系是一个发展的不断完善的系统，因此，为保证农业信息服务标准体系的质量，农业信息服务标准体系起草后必须采用科学的管理原则进行管理，使得标准体系得以不断完善、与时俱进。

（一）系统效应原理

标准体系的效应不是直接地从每个标准本身，而是从组成该体系的互相协同的标准集合中得到的，并且这个效应超过了标准个体效应的总和，称之为系统效应原理，这条原理是我们对标准体系进行管理的理论基础。系统效应原理在农业信息服务标准体系管理中的主要应用包括：

1. 建立农业信息服务标准体系必须有一定数量的农业信息服务标准，但并不意味着标准越多越好，关键是农业信息服务标准之间要互相关联、互相协调、互相适应。

2. 制定每一项单个农业信息服务标准时，都必须搞清楚该标准在农业信息服务标准体系中所处的位置和所起的作用，以及农业信息服务标准之间的关系，从体系对标准的要求出发，才能制定出有利于农业信息服务系统整体效能发挥的标准，最后形成的农业信息服务标准体系才能产生较好的系统效应。

（二）结构优化原理

结构优化原理是指标准体系的结构应按照结构与功能关系，调整处理标准体系的阶层秩序、时间序列、数量比例以及它们的合理组合。标准体系的结构不同，其效应也会不同，只有经过优化的标准体系结构才能产生系统效应。结构优化原理在农业信息服务标准体系管理中的主要应用包括：

① 在一定范围内，当农业信息服务标准的数量已经达到一定高度时，标准化工作的重点即应转向对农业信息服务标准体系结构的研究和调整上，要注意防止那种片面追求数量而忽视结构化的倾向，这种倾向会削弱农业信息服务标准的系统效应，降低农业信息服务标准化效果。

② 为使农业信息服务标准体系发挥较好的效应，不能仅

仅停留在提高单个标准素质方面，应该在保证一定素质的基础上致力于改进整个农业信息服务标准体系的结构。

③ 当农业信息服务标准体系过于臃肿，功能降低时，可采用精简结构要素的办法，减少标准体系中不必要的要素和某些不必要的结构，其结果不仅不会削弱体系的功能，还可提高体系功能。

（三）有序发展原理

有序发展原理是指只有及时淘汰标准体系中落后的、低功能的和无用的要素，或向体系中补充对体系发展有带动作用的新要素，才能使标准体系由较低有序状态向较高有序状态转化，推动标准体系的发展。有序发展原理在农业信息服务标准体系管理中的主要应用包括：

① 要及时制定能带动整个农业信息服务系统水平提高的先进农业信息服务标准。

② 要特别注意及时清除那些功能差、互相矛盾和已经不起作用的农业信息服务标准。随着农业信息服务标准绝对数量的增加，这个问题会越来越突出，如果忽视了农业信息服务标准体系的新陈代谢，农业信息服务标准化活动可能陷入事倍功半的局面。

（四）反馈控制原理

反馈控制原理是指标准体系演化、发展以及保持结构稳定性和环境适应性的内在机制。反馈控制原理在农业信息服务标准体系管理中的主要应用包括：

① 农业信息服务标准体系需要管理者主动地进行调节，顺应农业信息服务标准化科学发展的规律，才能使该体系处于稳态。没有人为干预或控制是不可能自动地达到稳态的，而干预、控制都要以信息反馈为前提。

②　农业信息服务标准化管理部门的信息管理系统是否灵敏、健全，利用信息进行控制的各种技术的、行政的措施是否有效，对能否实现有效干预关系极大。

③　农业信息服务标准体系的反馈信息要通过农业信息服务标准贯彻的实践才能得到，如果农业信息服务标准管理部门不用相当多的精力注意标准贯彻，不能及时得到标准在贯彻过程中同环境之间适应状况的信息，不能及时对失调状况加以控制，农业信息服务标准体系便可能逐渐瘫痪，直至瓦解。

④　为使农业信息服务标准体系与环境相适应，除了及时修订已经落后了的农业信息服务标准，制定适合发展要求的高水平农业信息服务标准之外，还应尽可能使农业信息服务标准具有一定的弹性。

第三章 农业信息服务标准体系框架研究现状分析

第一节 国内外农业信息服务发展现状

农业信息服务发展情况是农业信息服务标准体系研究的实践经验基础，本节通过对国内外农业信息服务建设发展现状的调查，从标准体系构建的角度，分析了信息服务的共性要素，为农业信息服务标准体系的研究提供客观依据。

一、国外农业信息服务发展现状

（一）国外发展现状

国外的农业信息服务发展迅速，特别是随着计算机、人工智能、网络、多媒体等信息化技术的不断发展及其在农业领域的深度应用，以及多主体的参与，农业信息服务体系逐步走向成熟。主要介绍处于领先地位的国家如美国、德国、法国、日本、韩国的发展经验如下。

1. 美国

美国作为世界电子信息产业的第一大国，农业信息化与整个社会的信息化同步发展，已形成了组织庞大、功能完善、制度健全的农业信息服务体系。

（1）国家主导的农业信息服务系统

美国农业商品率高和出口比重大，不仅受到国内市场的影响，而且还受国际市场的左右。政府没有统一的种植计划和收购计划，农民需要根据市场信息经营和管理农场，独立做出生产和销售决策。因此离开了准确、及时、权威的信息，美国农业将无所适从。为了满足这些需求，美国农业部从 1862 年成立至今，已形成了庞大、完整、健全的信息体系和制度，建立了手段先进和四通八达的全球电子信息网络，分别是国家农业统计局、经济研究局、世界农业展望委员会、农业市场服务局和外国农业局。构建了以政府为主体，以农业部五大信息机构为主线的国家、地区、州三级农业信息网，形成了完整、健全、规范的农业信息服务体系。该体系每年大约有 10 亿美元的农业信息经费支持，占农业行政事业经费的 10%。美国政府以其雄厚的经济实力，从农业信息技术应用、农业信息网络建设和农业信息资源开发利用等方面全方位推进农业信息化建设。由于有了政府的组织、管理和投入，美国农业信息化程度达到了高于工业 81.6% 的发展水平。

（2）丰富的农业数据库资源及应用系统

在农业信息化建设上，采取了政府投入与资本市场运营相结合的投资模式。政府围绕市场建立起了强大的支撑体系，为农业信息化创造发展环境。通过政府辅助、税收优惠和政府担保等提供一系列优惠政策，刺激资本市场的运作，推动农业信息化的快速发展。政府对农业的补贴和财政转移支付，通过加强农业信息化建设的办法让农业和农民受益。如美国国家农业数据库（AGRICOLA）、国家海洋与大气管理局数据库（NOAA）、地质调查局数据库（USGS）等规模化、影响大的涉农信息数据中心库，对农业发展产生了很好的推动作用。政府拥有和政府资助建设的数据库实行"完全与开放"的共享政策。发源于美国的精确农业，利用全球定位系统（GPS）、农田遥感监测系统（RS）、农田地理信息系统（GIS）、农业专家系统、智能化农机具系统、环境监测系统、系统集成、网络化管理系统和培训系统等，有力地促进农业信息服务整体水平的提高。

（3）规范严格的农业信息处理制度

在农业信息资源的管理上，形成了一套从信息资源采集到发布的完整立法管理体系，并注重监督，依法保证信息的真实性、有效性及知识产权等。维护信息主体的权益，并积极促进农业信息资源的共享。美国农业信息化的法律法规体系非常健全。农业信息从事人员都要经过质量和安全方面的专业培训。为了依法维护信息主体的合法权益，免受虚假信息危害，强化保护和监督职能，确保农业信息的及时和真实。从信息的采集、总结、分析、整理到发布，都要遵守严格的规章制度，符合管理规定并经过专业的审核才能流入到农业信息流里。每个农业项目的工作人员都要通过培训且颁发上岗资格证书后才具备从业资格。信息员每天都要收集相关信息，经过分析形成标准数据库和规范的市场报告，然后向农业部华盛顿总部上报工作。另外，美国政府还组织信息员对国外的农业信息进行收集和分析，通过各种途径把有利于本国农业发展的有效信息统一起来，及时对国内发布。

2. 德国

德国作为欧洲信息化发展的成功典型，农业信息技术发展迅速并向全面信息化迈进，农业信息服务在城市和乡村基本实现了普及。

（1）多种多样的农业服务组织和形式

德国为农业服务的组织多种多样，包括联邦、州农业部门、各类涉农科研机构、农民合作组织以及新闻媒体等，农业信息服务范围涉及政策制定、技术研发、数据分析、信息发布、经营决策、技术推广、机械采购、农产品销售以及加工出口各个方面，且机构之间既互相关联又相对独立，充分体现出德国农业信息服务灵活的特点。农业企业和农民均可通过网络、媒体、信函、电话等多种形式得到联邦政府、州或者协会提供的各类信息服务。

（2）注重普及应用信息技术，开发完善农业服务系统

德国注重农业系统的开发和信息技术的应用，从利用计算机登记每块地的类型和价值，建立村庄、道路的信息系统入手，逐步发展成为目前较为完善的农业信息处理系统。各州农业局开发和运营的电子数据管理系统（EDV），能向农户提供作物生长情况、病虫害预防和防治技术以及农业生产资料市场信息等。电视文本显示服务系统（BTX）和植保数据库系统（PHY-TOMED），可为农户提供农业技术信息服务。用于农业生产的信息技术主要有以下几方面：计算机自动控制技术方面，包括遥感地理定位技术、便携式自动数据库机、计算机程控和数据处理功能的立体显微照相设备。其装有遥感地理定位系统的大型农业机械，可以在室内计算机自动控制下进行各项农田作业；远程诊断系统可以确定农机是否需要维修或更换零配件。网络计算机辅助决策技术方面，包括计算机应用技术、小麦除草计算机辅助决策模型（HE-BY）、小麦品种选择模型（GENIS），计算机辅助决策系统（HE-BY）为农民提供咨询服务，小麦品种选择模型（GENIS）可提供各种小麦品种的水肥条件、品种特性、产量品质、抗病虫害的能力等方面的评估情况，帮助农民选择适宜种植的小麦品种。计算机模拟技术方面，包括麦类病害流行预测和损失预测模拟模型（ROST-GRAF）、农作物病虫害诊断模型、苹果卷叶蛾种群动态模拟预测模型等，能对单一病害和多种综合病害的发生做出预测。在质量安全监管方面，目前德国基本实现了食品安全可追溯管理，其商店出售的农产品（或食品）在包装盒上都贴有可供识别的条形码或者数字，通过扫描条形码或在计算机上输入数

字即可以检索到该农产品的来源和生产方式等信息，一旦发生质量安全问题，即可进行追溯。在生产经营管理方面，相关农业部门通过互联网开设市场信息和交易平台，通过电子信息网络实现市场资源优化配置，有效连接产品供应和需求。德国的小农庄和农业生产企业都是独立法人，有自己的经营核算系统，用于经营管理、记账和会计核算。通过政府网站实现企业税务管理，还通过使用农资管理系统、产品收储销售管理系统，实现农机具设备、零件的网上购置和农产品销售。

（3）政府注重投入和人才培养

政府始终致力于农业信息化发展政策的制定，环境氛围营造、农业信息化基础设施和数据库建设的投入。把普及计算机网络技术作为实现农业信息化的关键步骤之一，所有的学校都开设了计算机和网络技术课程。农民的文化素质普遍较高，一般都受过大学教育，并且在基层都有为农民提供免费接受再教育的农业职业学校。除了开展农业各类技术等课程外，还开展了计算机、信息设备使用等课程。农业信息咨询师经过资格认证考试才能上岗，必须定期参加州农业部举行的培训或论坛活动，并通过培训和教育确保咨询师对同一个技术问题解决办法的一致性。

3. 法国

法国的农业信息服务体系是一个多元化的信息服务主体共存的综合系统，信息服务多渠道，有利于信息的快速传递。

（1）多元化的信息服务主体

在服务机构方面，由国家、大区和省三级组成，采取纵向等级形式，国家农业部下达农业信息收集任务，大区负责组织和完成信息采集、汇总和上报任务，省协助大区完成信息采集任务。在服务主体方面，形成了多个信息服务主体共存的局面，他们在服务内容上侧重点不同，服务对象和群体规模也各不相同，具有良好的互补性。法国农民都可以共享各级政府承建的所有官方农业信息，法国政府还通过引导各类组织和专业机构开展了两种信息资源发布渠道：一是专业的农业信息服务机构；二是行业协会、科研单位等组织开展的农业信息资源发布渠道，例如全国青年农业工作者中心、全国养牛联合会、法国农业合作联盟等行业组织和行业协会，此类信息服务对农业经济的发展产生的作用非常明显。

（2）多渠道农业信息获取方式

在法国农业信息获取形式多种多样，通常是会议、广播、电视、报刊、计算机网络等并用。农业部的《农业网站指导》中收录具有代表性的涉农网站有700多个。而且每个网站之间都有各自的侧重点，服务对象和区域也都很明确，各个网站之间相互交织互补，共同构建了法国农业信息体系。法国的信息服务体系更注重市场化，注重民间力量。法国农业部和省农业部门，负责向社会定期或不定期地免费提供政策信息、统计数据、市场动态等农业信息服务，信息网络和产品制造商也参与其中，在推动农业信息化进程中发挥了重要作用。如今，计算机和网络技术飞速发展，法国政府把"Internet 接力点"互联网项目实施到了农村，将计算机等信息技术进一步推广到了农民手中，使农民获得网络信息十分方便。

（3）信息采集、上报和使用具有严格的法律规定

在信息采集、上报和使用上都有严格的法律。为了保障信息采集质量，大区农业部门严格选拔信息采集人员，并对他们进行专门培训。所有产品的生产者和经营者都有义务如实填报自己的生产经营情况，农场主一般由社会上的相关协会如实填报生产经营情况。

4. 日本

日本政府将农业市场信息视为重要的农业资源，并十分重视农业信息服务体系建设。

（1）重视农村信息化的市场规则及发展政策的制定

根据农业市场运营规则，日本政府建立了若干个专门咨询委员会，同时制定了配套较为完善的规章制度，约束市场主体的行为，促进市场有序运行；制定了一系列制度性规则和运行性规则，约束市场各方的行为，并根据实际需要制定了发展政策，促进市场的有序发展。日本农业市场经营性信息是以农产品批发市场为主体，为了保证信息的真实、可靠和及时，政府为批发市场的运行制定了一套严密的法律。根据这些法律，批发市场有义务及时地将每天各种农产品的销售及进货数量和价格在网上公布。

（2）不断完善农业市场信息服务系统

日本的农业信息服务充分发挥了信息技术作为载体在农业科技推广中的作用，发展迅速，已建立了完善的农业市场信息服务系统，已成为连接政府、市场与生产者之间的桥梁，极大地提高了农业的劳动生产率和农产品的国际竞争力。农业市场信息服务系统主要由两个系统组成：一个是市场销售信息服务系统，由"农产品中央批发市场联合会"主办，另一个是农产品的生产数量和价格行情预测系统，由"日本农协"自主统计发布的全国1 800个"综合农业组合"组成。依靠两个系统提供的精确的市场信息，每一个农户都对国内市场乃至世界农产品市场了如指掌，并根据自己的实际情况确定和调整生产品种及产量，使生产处于一种情况明确、高度有序的状态。

（3）重视农业市场信息服务系统的互联互通

从发展地域农业信息系统入手，日本建立起便捷的有地域特色的农业信息系统。以计算机和多功能传真机为用户和农民协会之间传递发货和销售信息，方便农民协会各分店之间以及农户与农协之间的信息传递，提供发货情况、市场信息、当地气象预报、病虫害预测预报、生产资料订货信息、栽培信息等。此外，日本还建立了农业技术信息服务全国联机网络，即电信电话公司的实时管理系统（DRESS），借助公众电话网、专用通讯网和无线寻呼网，把大容量处理计算机和大型数据库系统、互联网网络系统、气象预报系统、温室无人管理系统、高效农业生产管理系统以及个人电脑用户等联结起来，提供农业技术、文献摘要、市场信息、病虫害情况与预报、天气状况与预报等信息。各县也都设立了 DRESS 分中心，可以随时交换信息。同时，日本已将 29 个国立科研机构，381 个地方农业研究机构及 571 个地方农业改良普及中心全部联网，与农户之间进行双向的网上咨询，信息共享。

5. 韩国

在亚洲，韩国的农业信息服务系统功能多，涉及领域广，是农业信息服务系统建设最为先进的代表之一。

（1）政府投资力度大

韩国历届政府通过加大基础设施建设及大力扶持公共机构和单位开展农业信息服务工作等措施，使韩国农业信息服务形成了以政府为主导，各级组织和企业共同参与，从中央到地方的四级信息服务组织体系。在政府的支持下，农产品分析预测、国内涉农数据和信息、涉农网站开发和建设及农产品电子商务平台建设等各项农业信息服务，均由政府财政预算来安排。

（2）农业服务系统功能多

近年来，农村经济研究院、农林水产信息中心等单位在农业信息服务方面取得了丰硕的成果，自身也取得了长足的发展。高学历、高素质的专业人才不断加入到农业信息服务队伍中，单位实力和服务能力不断增强。研究方向和服务内容不断拓展，工作成果得到政府、社会和农户农民的认可，推动了韩国由传统农业向信息化的现代农业转型。韩国农业信息服务系统功能多，涉及的领域广，例如，农场信息技术系统、农业项目管理系统、农场生产环境信息系统、农业土壤环境信息系统、牲畜出口产品管理系统、农业信息技术数据库等。

（3）加强农业信息技术培训

韩国农业信息服务部门、科技服务部门的专家学者经常深入到第一线面对面地教授农民如何应用农业科学技术，同时将各类培训的内容录制下来，开展远程培训，通过财政补贴为农民提供上网设备、免费无线上网服务等。韩国重视发挥农业院校、科研单位的技术和人才优势，开展夜校、函授、科技下乡等模式的农业信息服务。

（4）重视农业信息采集和利用

农业信息观测中心是韩国农业信息采集、分析和发布的专门机构，定期发布预测信息，为政府决策提供支持，指导农业生产，引导农产品购销。农业观测委员会十分注重对外发布有关农产品播种面积、收成、消费、进出口、价格、库存等监测结果，以抑制生产过剩、稳定农产品供求和价格，提高农民收入，还可直接向有关社会团体交涉，发出警示，引导和协调产销自律活动。

（二）国外发展特点

总体而言，国外农业信息服务呈现以下特点。

1. 注重政府的主导地位

农业信息服务离不开政府的支持，各个国家都专门组建了农业管理部门负责农业信息服务工作的实施。由政府统一协调，促使科研、应用和推广工作相结合，并保证持续稳定的资金支持，同时引入市场运作机制，促进农业科技成果深入地为农业生产经营者服务。

2. 具有严格的制度规范

注重农业信息的质量和标准，信息的采集、处理和发布都有严格的制度规范。通过严格的规章制度规范农业信息服务人员的工作行为。同时注重法律法规的建设和完善健全的农业信息法律法规体系的建设，保证信息资源的真实性、实效性，并积极地促进了信息资源的共享。

3. 鼓励多社会主体参与

鼓励农业合作社、私营企业、农村种养大户、协会、农业产业化单位、推广组织等主体共同参与农业信息服务系统建设，利用先进的网络整合传统的传播媒介，形成多种形式相互补充的农业信息综合服务系统。

4. 注重设施的普及和完善

注重计算机、电视、广播、手机等的普及，具有发达的网络设施，其中包括畅通稳定的互联网和逐步覆盖的无线网络，为接收农业信息提供了必要的工具和设备保证。

二、国内农业信息服务发展现状

（一）国内发展现状

农业信息服务离不开农业信息技术的发展。农业信息技术在我国农业领域的应用虽起步较晚，但发展很快，1986 年，农业部提出了《农牧渔业信息管理系统总体设计》，组建了农业部信息中心。在 20 世纪 90 年代，又先后提出了《农业部电子信息系统推广应用工作的'八五'计划及十年设想》和《农村经济信息体系建设"九五"计划和 2010 年规划》。这些设想和政策也加速了农业系统的信息化建设。1994 年 12 月"国家经济信息化联合会议"第三次会议上，提出了"金农工程"，正式拉开了农业信息化建设的序幕。"金农工程"的主要任务：一是网络的控制管理和信息交换服务，包括与其他涉农系统的信息交换与共享；二是建立和维护国家级农业数据库群及其应用系统；三是协调制定统一的信息采集、发布的标准规范，对区域中心、行业中心实施技术指导和管理；四是组织农业现代化信息服务及促进各类计算机应用系统，如专家系统、地理信息系统、卫星遥感信息系统的开发和应用。"金农工程"系统结构的基础是国家重点农业县、大中型农产品市场、主要的农业科研教育单位，各农业专业学会、协会。在"金农工程"的推动下，农业信息服务的组织、人员队伍及服务平台建设迅速发展。2013 年 1 月农业部出台了《全国农村经营管理信息化发展规划（2013—2020 年）》，农业信息服务工作重点为搭建部、省、市、县、乡镇五级农村经营管理综合信息服务平台，面向农民专业合作社、农业产业化龙头企业、专业大户和家庭农场等新型农业生产经营主体提供服务，加强其内部信息化建设，加强信息网络和服务终端建设，强化基层人员信息素质提升。

1. 主要省份发展现状

在"十一五"农业信息化发展的基础上，科技部、中组部、工业和信息化部进一步联合启动了国家农村农业信息化示范省建设。2011 年，山东、湖南率先试点，2012 年至 2014 年，又新增安徽、河南、湖北、广东、重庆、浙江等 10 个省市。农业信息化示范省建设按照"平台上移、服务下延、公益服务、市场运营"的基本思路，实现综合性的省级信息服务平台与乡村远程教育终端站点的有机结合，构建"资源整合、统一接入、实时互动、专业服务"的省级综合服务平台，促进基层信息服务站点可持续发展，探索发展可持续的农村信息综合服务体系。通过试点，为其他地区系统推进农村信息化探索经验、提供示范。山东、湖南、安徽等主要省份的农业信息服务发展具体情况，如表3 - 1 所示。

表 3-1　农业信息服务发展具体情况

省份	基础设施	资源、技术、系统及平台	组织体系	运行机制模式
山东	依托山东联通公司宽带、移动、本地电话网络，建成了互联网、移动网络和 IPTV 三网融合高速信息服务传输通道，并研发更新了网络终端设备和服务系统，实现了在电视、电脑、手机之间农户与专家的多屏互动	1. 初步建成省级综合服务平台，数据中心一期数据容量达到 10TB，数据记录超过 100 万条 2. 建设了十大产业专业信息服务系统，涉及果树，经济作物专业信息服务系统，林木、畜牧、农资配送专业服务系统，蔬菜、家禽、粮食作物专业服务系统，农产品物流专业服务系统	依托农村党员远程教育村级站点建设综合信息服务站，建设了 300 多个专业示范站点，组建了省级专家咨询队伍和市县信息服务队伍，同时组合基层站点建设组建了基层信息员队伍	积极探索可持续发展服务模式。即无偿信息服务和有偿信息服务相结合的服务模式；信息流和物资流的相互补充，多家通信服务商、专业化信息服务公司参与建立了示范省管平台等
湖南	2010 年湖南通信网络已实现村村通，其中 100% 乡（镇）和 70% 行政村通宽带；科技 12396、农业 12316、卫生 12320、气象 12121 等涉农服务呼叫热线实现全覆盖；信息服务系统和产业信息服务系统	1. 建成了"一体两翼"农村农业综合信息服务平台。其中"一体"即具有统一接入功能的"两翼"即综合信息服务平台；"百万农户，万家企业"服务群体，以及公益农村党员干部现代远程教育网和农村中小企业信息	1. 建立了覆盖全省县市区的基层信息站点服务体系。其中综合服务站点、专业信息服务站 322 个、企业服务示范站点 809 个，依托农村党员干部远程教育网建立站点 5 万多个 2. 科技特派员制度不断深化，大学生村官和"一村一大"等人才队伍不断扩大	探索公益化服务为主市场化服务为辅的农村农业信息服务长效机制，积极探索"民办非企业组织"的运营机制，鼓励各类市场主体积极参与农村信息服务，通过市场手段获得

续表

省份	基础设施	资源、技术、系统及平台	组织体系	运行机制模式
湖南	安全设施基本完备，湖南CA中心建成；以天河一号为支撑的全国第三个国家超级计算中心落户长沙	2. "农信通"覆盖了100%的乡村，用户数超过300万 3. 智能传感器、GPRS、3G、IPv6、云服务等现代信息技术在大田种植、设施园艺、畜禽水产养殖、现代农业物流、农产品质量检测与追溯、农产品电子商务、农业灾害预警预报中得到应用	3. 新农村商网、供销通、气象等为农信息服务体系、减灾防灾信息体系已基本建成 4. 建设生猪、淡水鱼、水稻等产业化特色明显的全产业链条现代农业技术应用示范基地100个、示范企业100	服务收入
安徽	在合肥西、铜陵、绩溪、定远和黄山区50个行政村全部配备电脑、星火科技自助终端等设备。同时，分别在5个县(区)选择1~2个行政村配备星火科技语音播报终端，并延伸至自然村；选择1~2个专业协会或农村合作	1. 以安徽星火网、安徽农网等现有平台为基础，搭建了省级农村综合信息服务平台 2. 创建了农业物联网综合服务平台，在粮油经济作物等产业进行应用示范 3. 开发了农业专业搜索引擎"中国搜农" 4. 开发了作物病虫害预测、诊断与防治，畜禽疾病诊断防治等专家系统 5. 开发了基于3G手机访问的	1. 全省完成了50个行政村信息化示范点建设工作 2. 市、县科技、农业、气象、人社等涉农部门成立了信息服务机构(中心) 3. 全省乡镇拥有省级认证的农村信息员5000多名 4. 目前，全省93.3%的乡镇建立了便民服务中心，78.9%的行政村有了便民服务代办点 5. "星火科技12396"和行政村访问的"12316"等信息服务热线，组织	

续表

省份	基础设施	资源、技术、系统及平台	组织体系	运行机制模式
安徽	经济组织、配备星火科技智能信息机，延伸至农户	"农网"、"专家诊断"、"远程培训"、"农村电子商务"等应用系统 6.研发了"县乡村电子政务信息系统"，在全省79个县(区)开通使用	农技专家2 000多名，向农户提供在线农技知识服务。开展了通过广播、电视、报刊、电话、短信等方式使信息进村、入户、到企业活动	建立了公益性信息服务、商业化信息服务、和基于开源软件的志愿服务农村信息服务模式
河南	1. 全省有计算机并可以上网的行政村已经达到2 971个，有272个行政村建立了自己的网站 2. 采用"宽带网络+机顶盒+电视机"模型，建成终端接收站点4.92万个，乡镇、行政村站点覆盖率达96.75%	1. 重点建设了农业科技、生物种质资源、农产品市场价格、等20多个数据库 2. 建立了农村党员现代远程教育平台、12316"三农"服务热线、农技110网络服务平台等农业综合信息服务平台 3. 基本建成了从省到市、县、乡的信息网络服务平台，18个省辖市和142个县级部门都建立了农村农业信息网	整合各部门涉农公共服务机构、产业化龙头企业、生产资料企业、专业合作经济组织，形成基于信息化在线支持的专业下化、本土化，网络体系专业服务体系，形成线上服务与线下服务相结合的农村农业信息服务体系	服务，商业化信息服务的线下农村农业信息服务模式

续表

省份	基础设施	资源、技术、系统及平台	组织体系	运行机制模式
湖北	到2015年，以农村党员干部现代远程教育网络为依托，丰富电信网络、广电网络等接入手段，逐步推进城区20M光纤入户，农村4M宽带入村，全省城乡实现基于2G+3G+WiFi的无线网络覆盖	1. 建成了以湖北农业信息网为核心的农业信息网站群 2. 建成了全省农业系统农业专网 3. 建设"12316"三农热线区平台 4. 开通了湖北农业信息网商务版 5. 构建了初步支持"语音、短信、视频、网络"等多方式接入，"远程呼叫，双向可视、产业交流、专业服务"等功能的农信息综合服务平台	探索建立农村信息化领导体系，将服务体系和咨询体系。到2015年，服务重点建设30 000个信息服务站点，选聘10名省级农村信息化战略咨询专家，增选500名农村信息化咨询服务及信息化技术专家，使专家总数达到1 000名，培训并稳定基层信息员骨干队伍30 000人	探索了一套政府公益性服务与市场化服务并行的农村信息化服务长效机制。鼓励各类市场主体积极参与农村信息化服务，通过市场手段获得服务收入，实现互惠共赢和可持续发展，形成可复制、可推广的农村信息化良性发展模式
广东	1. 全省镇、村通电话率100%，固定电话普及率100%，移动通信网络人口覆盖率99.24%，有线电视普及率100%。	1. 建成（1+5）省级农村综合信息服务平台。农村综合信息服务平台包括综合信息门户网站群系统、数据中心、信息资源群系统五个核心部分	建立两类基层信息服务站，全方位满足农村信息用户多种多样的信息服务需求。一是建立面向基层行政村的"综合信息服务站"。二是建立面向农业企业、农民专业合作社、农业专业协会、	到2015年，省、市、县（区）、镇（乡）、村五级农村综合信息服务体系进一步完善，服务站点效能进一步提升，农村信息化

续表

省份	基础设施	资源、技术、系统及平台	组织体系	运行机制模式
广东	国际互联网已覆盖全省市、县、乡镇	2. 建成了农村专业信息服务系统建设:包括农业电子商务、动植物医院、农业物联网、农村远程医疗、农村远程管理系统等五个农村专业应用信息服务系统等	农业技术推广站、农资经营实体等的"专业信息服务站"	技能人才和专家队伍进一步壮大。涉农数据采集、管理、使用等相关标准体系初步形成
浙江	2013年全省行政村宽带网通率98%,电话村通率、移动通讯信号覆盖率,可上网的农业龙头企业,可上网的农产品批发市场达100%,可上网的农业种养大户占23.9%,可上网的农产品购销专业户9.1万户,占30.4%。农村居民每百户电脑拥有量47.7台,彩电171.7台,电话76.3部,手机211.4部	1. 建立了全省农业技术咨询特服热线9616011O平台 2. 建立了浙江农民信箱系统 3. 建立了农业"两区一田"地理信息化管理系统 4. 建成了农业物联网系统,以及在水稻、蔬菜、食用菌、畜牧、测土配方等方面的应用试点	2013年全省农业系统已建立农业信息网站139个,专职信息员400余人,1000多个乡镇、街道全部建立了农业信息服务站,99%的行政村建立了联络点	坚持"政策引导、政府扶持、企业支持,主体建设"的模式

通过表3-1可以看出，各个省份对于农业信息服务重点建设内容方面，主要涉及基础设施建设、信息资源开发、系统平台建设、服务体系的建设，以及服务运行机制、服务模式的探索等方面，具体情况，如表3-2所示。由此可见，上述几大方面是农业信息服务标准体系的重要组成部分。

表3-2　农业信息服务重点建设内容

省份	农业信息服务建设重点
山东	服务平台建设 服务系统建设 服务通道建设（基础设施） 服务体系构建 服务模式探索
湖南	农业信息化基础设施建设 信息系统平台建设 信息技术应用 服务站点、服务人员队伍发展 运行机制探索
安徽	搭建服务平台 启动基层站点建设 建立基层服务体系 开发信息化服务系统
河南	农业信息化基础设施建设 信息服务网站平台建设 农业信息资源开发 农业信息技术应用 服务体系建设 信息服务模式探索
湖北	组织体系建设 综合服务平台建设 信息传输通道建设（基础设施建设） 信息技术应用示范 服务长效机制探索

省份	农业信息服务建设重点
广东	综合信息服务平台建设 信息资源建设 信息服务系统开发 农村基层信息服务站点建设 信息基础设施建设 农村信息化可持续发展机制探索
浙江	农业信息化基础设施 服务系统平台建设 基层服务站点、服务人员队伍建设 运行机制和模式建设

2. 北京市发展现状

当前，党的十八大进行了"四化同步"战略部署，北京市也进入了建设"智慧北京"的新阶段，北京市在农村信息服务建设方面较为重视，市科委、市农委、市信息化工作办公室等部门，先后启动了"农业信息化工程"（Ⅰ、Ⅱ、Ⅲ期）、"221"行动计划、"燎原行动"计划、国家现代农业科技城项目等，各区县相关部门也积极投入，农业信息服务体系不断完善，走在了全国前列。

（1）农村信息服务管理部门日益健全

目前，北京形成了由市级信息管理部门、区县乡镇信息办组成的农业信息服务管理体系。

在市级层面，有北京信息化办公室、北京市农村工作委员会、北京市农业局等分工合作，负责统筹协调农村规划发展，有北京市农林科学院农业科技信息研究所及北京市农业信息技术研究中心，负责农业科研及应用推广服务等。

在区县乡镇层面，农业信息服务管理体系为市级农业信息化管理单位的延伸，以承接市级管理单位工作安排，主要有区县信息化工作办公室、区县农委信息中心、区县城乡经济信息中心，镇农办等。

（2）农村信息服务站点融合发展

北京市农村信息服务站点由最初的数字家园、爱农驿站、远程教育站点、益民书屋等多种形式，经过融合和发展，目前形成了"五个一"农村信息服务站、村委村务公开信息服务点（具备触摸屏）以及农村党员干部远程教育站点3种主要的类型，截至2013年，主要类型农村信息服务站点情况，如表3-3所示。

表3-3 主要类型农村信息服务站点情况统计

类型	"五个一"农村信息服务站	村委村务公开信息服务点	农村党员干部远程教育站点
数量（个）	130	1 300	3 940
行政村覆盖率（%）	3.3%	33%	100%

农村党员干部远程教育站点是开展基层党建工作宣传培训及推广科技成果的网络窗口，在北京市委组织部的大力支持下，经过平台一期、二期建设，在京郊实现了全覆盖。具备触摸屏的村务公开信息服务点的行政村覆盖率达33%，也受到了农户关注和欢迎。"五个一"农村信息综合服务站是达到"一处固定场所、一套信息设备、一名信息员、一套管理制度、一个长效机制"条件的服务站点，在京郊覆盖率为3.3%。

（3）农村信息员队伍注重能力提升

北京农村信息员队伍包括全科农技员和科技协调员及队伍建设。截至目前，科技协调员队伍达到9 636人，覆盖13个区县，全科农技员2 831人，分布在143个乡镇，实现了全市以农业为主导产业村的全覆盖。北京市注重对农村科技服务人员能力的培养，如在大兴区，仅2013年全年开展各类理论及田间实际操作培训90余次，人均培训学时达30个以上，累计培训学时1.1万个，累计培训4 500多人次，辐射带动1.5万人（图3-1）。

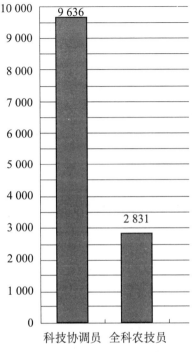

图 3 - 1　农村信息员数量情况

（二）国内发展特点

总体而言，我国农业信息服务具有以下特点：

1. 农业信息化基础条件不断夯实

各个省市按照统筹城乡发展的要求，采取多种有效形式，大力推进信息化基础设施向农村延伸。乡镇及行政村宽带互联网及移动通讯网覆盖率达 90％以上，信息化终端设备丰富，电视、电脑、电话、手机等不断深入普及，深刻影响着农民的生产生活方式。

2. 农业信息服务系统平台各具特色

经过多年努力，覆盖部、省、地、县四级农业门户网站群基本建成。此外，集语音、短彩信、视频、网站等现代信息传播方式于一体的信息服务平台、12396 及 12316 农业服务热线、"农信通"等农业短信服务平台，农村党员干部远程教育平台，构成了农村公共信息服务的主体。最后，直接面向农业生产、经营、政务管理的专题应用系统，如农业病虫害监测诊断系统、农产品电子商务系统、农业行政审批系统等发挥着重要作用。这些系统平台，为农业决策和行政管理提供了有力支撑。

3. 新的信息技术在农业产业发展中深入应用

云计算、物联网、移动互联网、3S 等信息技术，以融入信息系统及智能农业装备的形式，在大田种植、设施园艺、畜禽水产养殖、农产品流通及农产品质量安全追溯等领域的应用日渐深入，加速了农业各领域的快速发展。

4. 农业信息服务体系日趋完善

目前，基本实现了各省市均有信息化管理机构或信息中心、乡镇有农业信息服务站、行政村有信息服务点的组织体系。专兼职农村信息员队伍不断壮大，对村级公共信息服务资源的配置起到了重要作用。政府主导、企业参与、多部门联动、主体建设的运作模式成为主流，逐渐形成了科学有效的服务体系，并发挥着巨大的技术引领和支撑作用。

第二节　农业信息服务标准建设和研究现状

一、农业信息服务标准建设现状

（一）国外标准现状

国际上，国际标准化组织（ISO）、国际电工委员会

（IEC）和国际电信联盟（ITU）以及欧洲计算机制造商协会
（ECMA）和众多的国际技术论坛纷纷研制信息技术标准，它
们在国际标准分类（ICS）中形成了较为完整系统的信息技术
标准体系，如计算机技术标准体系、图形设计标准体系等。在
农业方面，在农业和林业其他标准、农业和林业综合这两个小
类中有农业信息系统间的电子数据交换标准，在农业机械和设
备综合类中有关于农林用拖拉机和机械（系统控制和通信数
据网、数据链路层、网络层、网络管理物理层、实施信息应用
层）的相关标准。

联合国粮农组织开展了农业元数据 FAO-AgMES 标准的研
究，AgMES 属于联合国粮农组织 AgStandards 计划，该计划试
图通过使用标准化的农业元数据术语，尤其是推广元数据的使
用，以促进资源发现，确保描述方式独特而信息丰富的农业资
源之间和内部的互操作性，并使用本体规范确定有关规范、词
汇、准则和标准，以促进不同来源的数据一体化，开展有效的
数据交流。目前，AgMES 在全球森林信息服务及渔业元数据
集中得到应用。此外，由联合国粮农组织成立的国际食品法典
委员会 CAC，于 1999 年底制定公布各种农业产品和生产规程
标准 1302 个，农药残留限量等标准规范 3274 项。国际种子检
验协会（ISTA）发布的《国际种子检验规程》，成为国际贸易
中公认的种子检验标准。

在发达国家里，美国农业部制定了一大批农业信息标准，
从元数据到信息采集、信息交换等各方面都有所涉及。如通过
制定农业经济统计信息标准来保障统计信息的完整、通过制定
农业信息系统之间电子数据标准来保障农业信息系统之间的数
据交换等。美国国家农业统计局对国内 200 多万个家庭农场的
基本数据资料库做了数据库字段上的约束，以方便信息的采
集。美国政府通过立法，将市场信息收集、发布的整个过程及
人员都纳入农业部统一管理，保障信息质量和信息工作的正常

运转。

日本在"21世纪农林水产领域信息化战略"的计划中，提出要大力开展农业信息元数据标准，分类编码标准的制定，做到信息自由流通。并要求积极引进国际通用标准，力求和国际接轨。日本共发布了农林标准409个，涉及农业生产标准化等方面。如在农业生产环境标准化方面，对农田水利建设、道路及坡面的绿化、对坡面建设的坡度、形状、排水沟、不同地区种植的植被类型、种类等都有详尽的规定和标准。在生产过程和工艺标准化中，农作物从新品种选育的区域试验、特性试验方法，品种育成后新品种的栽培技术、工艺规程，以及农产收获、加工和贮藏方法等都有具体规定。在流通农产品标准化方面，具有严格的分级、包装、标志标准体系。

法国建立起了完善的农产品质量识别标志制度，其主要是：优质产品使用优质标签，载入生产加工技术条例和标准的特色产品，使用认定其符合条例和标准的合格证书；以特殊方式生产符合生物农业要求的产品，使用生物产品标准；来自特定产地、具有该地区典型特征的产品，以某产地产品命名。通过该制度，对农产品品质真实情况予以标识证明。

国外农业各行业标准及信息技术标准规程体系发展较成熟，但对农业农村信息化标准体系的单独制定为数不多。随着全球经济一体化进程的加快，以及网络信息的飞速发展，农业农村信息标准制作也已经受到联合国及许多发达国家的关注和重视。

（二）国内标准现状

1. 标准制定和修订工作

在农业标准方面，自1964年我国制定的第一个农业种子国家标准以来，已累计制定发布了农业国家标准1 365项，农业行业标准3 396项，农业地方标准8 194项，涵盖种植业、养殖业、饲料、农机、再生能源、气象、水利和生态环境等领域。其中，较为重要的标准——GB/T7635—2002《全国主要产品分类与代码》，是我国农产品分类编码领域中具有重要影响的一项大型基础性国家标准，它的颁布实施，结束了我国农产品信息分类编码工作各自独立、分散的局面，为我国农产品信息规范化管理提供了重要的指导作用。

2004 年我国正式启动的国家科学基础条件平台——科学数据共享工程，在农业科技信息领域提出了农业科技基础数据库建设规范，即农业科技基础数据库中数据分类规范、文献型数据的字段规范、ID 号字段命名规范、数据表示规范、数据访问模型及其规范。国家农业信息化工程技术中心成立了《数字农业信息标准研究》编委会，围绕作物生产研究、管理和信息系统建设需要，出版了《数字农业信息标准研究—作物卷》和《数字农业信息标准研究—畜牧卷》。中国农业科学院信息所研究提出了基于农业信息化内容维、农业属性维、层次属性维的三维农业信息化标准体系框架结构模型，以及农业科技信息核心元数据标准框架。中国林业科学数据中心正式出版了《林业科技数据库和数据共享技术标准与规范》，开启并推动了我国数字农业标准实际制定和推广应用的进程。

近年来，北京市委、市政府对农业标准化工作非常重视，加大了农业相关标准化工作的推进力度，成立了由市农委和市质量技术监督局牵头，市农业局、市林业局、市财政局等参加的领导机构，得到市发改委、市工商局、市科委等相关部门的支持和配合，农业标准化工作取得了明显成效。北京围绕粮食、蔬菜、果品、畜禽、水产、花卉、林木、蜂产品等 8 大类145 种主要特色农产品，已基本建立起以农业国家标准为龙头、农业行业标准为主体、地方农业标准为基础、企业标准为补充的农产品质量标准体系框架，农业标准体系初步形成。到2010 年，已累计批准发布北京市农业地方标准 49 个，其中种植业生产技术规范地方标准 22 个、农机地方标准 3 个、畜牧业生产技术规范地方标准 19 个、水产业养殖技术规程地方标准 5 个，主要涉及基地环境标准、生产加工过程标准，以及产品质量安全等方面。如北京都市农业研究所针对都市农业的新阶段特点，提出了以一、二、三产对象维，生产、加工、质检等内容维，国家、地方、企业级别维的三维农业信息标准化范畴，以建立北京特色都市农业标准体系。北京市农村工作委员会、北京市经济和信息化委员会提出和组织实施编制了《农村基础信息数据元》（DB11/T699），标准结合农村服务和管理信息化的经验，提出了农村基础信息数据元的分类方法、表示方法、分类框架和基础数据元，并分别定义了基础数据元的 12 个主要属性。由北京市农林科学院农业科技信息研究所编制的《农业信息资源数据集核心元数据》（DB11T836—2011）标准，实现了农业信息资源数据集的规范化描述。这些标准为农业信息资源的整合奠定了基础，一定程度上满足了北京市农村服务与管理工作需求。

2. 农业信息服务标准分析

从信息化基础设施、信息资源、生产信息化、经营信息化、管理信息化、服务信息化等方面，以国家标准文献共享服务平台、国家标准查询网、"首都标准信息"标准库、万方标准全文数据库、标准信息挖掘平台 5 个标准数据库为检索来源，对供查阅的相关标准进行了调查，对标准分布情况进行了分析，其中基础设施方面包括设备、设施及通信网络标准规范；信息资源方面包括数据元、元数据、分类编码标准；生产信息化方面包括种植、养殖、畜牧信息化标准；经营信息化方面包括农产品物流、农产品电子商务、批发市场、企业经营管理、合作组织经营管理等标准；管理信息化方面包括农村应急指挥、农村综合执法、农村电子政务；服务信息化方面包括服务组织、站点、人员、服务流程、监督考核等。具体分布，见图 3 - 2 所示。

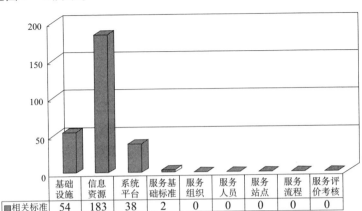

相关标准	基础设施	信息资源	系统平台	服务基础标准	服务组织	服务人员	服务站点	服务流程	服务评价考核
相关标准	54	183	38	2	0	0	0	0	0

图 3 - 2　农业信息服务相关标准统计

上述调查结果表明：

（1）信息资源类相关标准最丰富

由于信息的数据元、元数据以及分类编码标准规范是标准化最为基础最初始的工作，因此该类标准比较多，也为其他标准的研究制定奠定了基础。

（2）基础设施类相关标准相对较多

这主要是因为农业领域信息化基础设施与通讯领域信息化基础设施无本质差异，通讯领域已有标准发展较快较多，可参考标准较多。

（3）农业系统平台类相关标准较少

农业生产、经营、管理业务规范较多，但相关信息系统平台建设标准缺乏。农业信息化标准起步晚，且具有农业自身的特点，无法直接利用信息技术领域的标准，因此可直接利用的标准不多。

（4）服务直接相关标准极其缺乏

总体情况分析，与服务直接相关的标准，如基础标准、服务组织、服务人员、服务站点、服务流程、服务评价等，非常缺乏。除了服务基础标准中有《农业信息体系建设规范》（DB23/T 1028—2006）、《农业信息服务技术规范》（DB23/T 1231—2008）外，其他相关标准均未见。当前服务组织、人员队伍、服务站点大力发展，相关标准的缺乏必然会影响到农业信息化服务成效的发挥。

3. 标准需求现状分析

本研究通过重要行业会议，以及对省市区县基层农业信服务实践有关部门进行调研，分析了相关专家对农业信息服务标准化工作的观点，以及基层需求点，为农业信息标准体系框架的研究提供支撑。

许多领域专家在行业会议中对农业信息服务标准化工作进行了呼吁，认为标准化工作是今后农业信息服务发展过程中提质增效的着力点。汪懋华在"2013 中国农村信息化发展论坛"的报告中指出农村信息采集和服务需要制定标准规范，李道亮在此次会议的报告中指出物联网数据标准、接口标准、应用标准、测试标准、维护标准等缺失。许世卫在"2014 中国农业展望大会"指出大数据时代，信息标准化的重要性将得到进一步重视，各个领域信息采集、传输、存储、汇交的标准规范将大量出台。

在浙江省农业信息服务需求调研访谈中，浙江省农业厅相关人员表示农业信息服务是农业信息化建设的后续阶段，需要标准化工作提高建设成果的应用效果及服务质量；北京市平谷区农办岳玮艳表示当前信息化站点的设备运行不稳定，需要相关出台标准来为信息服务提供稳定基础；北京市平谷区信息办李云指出农业信息安全方面需要制定安全等级方面的标准，以保障网络安全，和农户对信息的应用安全。从直接从事农业信息服务实践的管理部门调研中发现，一是对标准的需求非常泛化，不同部门关注的重点不同，二是服务过程中显现出来的具体问题，如信息安全、信息设备质量要求等直接影响了服务效果的显现，是要急需解决的问题。

二、农业信息服务标准研究现状

从 1983 年对国土资源和经济信息体系框架及分类编码研究开始，我国逐步着手对农业信息化相关标准的研究。近年来，我国农业信息化标准体系不断完善，而对农业信息服务标准体系的研究尚未见报道。本节对有关研究做简单梳理，主要集中在农业元数据标准研究、农业信息分类标准研究、农业信息标准体系研究等方面。

（一）农业元数据标准研究

对于农业元数据的研究，符海芳、牛振国从农业信息元数据总体的层面上，提出了五层元数据内容体系：数据层元数据、数据库层元数据、模型层元数据、子系统层元数据、分布式系统层元数据，以扩展现有的地理信息系统元数据内容体系，促进信息共享。钱平、苏晓鹭在 DC 及 SDBCM 的基础上，提供了一套在不同层面上为农业科技信息资源的检索、整合、交换及其他应用的通用描述元素和规范，以及扩展机制。郭新宇、赵春江提出了当前数字农业信息标准的工作重点——术语与数据元的标准化，并针对种植业、畜牧业等行业提出了规范化的信息获取方法，建立了标准化的信息表达方法和存储交换格式，明确了数据的值域和应用范围，一定程度上实现了农业信息在语义、标准和内容上的统一。

（二）农业信息分类标准研究

在农业信息分类标准研究方面，目前主要有两种途径：一是利用传统文献分类法进行网络适应性改造形成分类体系。主要是利用《中国图书馆分类法》进行改造从而对网络信息进行分类组织。如陈树年在保留其科学、完整、严密的知识分类体系特性的基础上，提出了改造方案，并初步实现了基于《中图法》后台信息分类的搜索引擎。二是确定全新的分类体系。如牛振国、符海芳等在分析现有农业信息资源分类的基础上，提出了面向不同用户需求和网络农业信息资源管理的分类方案：在农业行业分类的基础上，依据农业信息内容的属性特征，分为农业空间信息、农业科技信息、农村社会经济信息、农业相关机构信息、农业自然资源信息及农业生产资料信息和农产品市场信息 7 类；各类信息依据用户对信息需求的差异，又分为基本信息和全集信息，并初步建立了农业信息资源分类编码体系。

（三）农业信息标准体系框架研究

在农业信息标准体系框架研究方面，王键、甘国辉提出了多维农业信息分类体系的构想，即建立了以农业行业/产品为主线，包括农业生产维、农业市场维、农业自然资源维、农业社会经济维、农业科技维、农业时空维和农业信息属性维在内的多维分类空间，并构筑了相应的分类立方体数据模型，实现了对农业信息的多角度综合反映。刘世洪，胡海燕等分析了体系框架二维结构的优缺点，并根据印度魏尔曼最早提出的标准体系表三维结构的思想，采用了农业领域（对象）、信息化内容（内容）和标准层次（级别）的三维结构，在每一维结构中又增加小门类，延伸了结构的空间，大大地扩展了标准的存储容量。

第四章 农业信息服务标准体系框架构建

第一节 农业信息服务标准体系框架构建依据

一、政策法规依据

农业信息服务是面向农业产业开展的服务活动。国家政策法规为明确农业信息服务标准体系框架内容提供了重要依据，这些政策文件包括《全国农业和农村信息化建设总体框架（2007—2015）》《全国农业农村信息化发展"十二五"规划》《国务院关于加快发展服务业的若干意见》（国发〔2007〕7号）《全国农村经营管理信息化发展规划（2013—2020年）》《关于全面深化农村改革加快推进农业现代化的若干意见》《信息化发展规划》（工业信息化部2013）《中华人民共和国农业技术推广法》等。

（一）法律、法规及规划

1.《全国农业和农村信息化建设总体框架（2007—2015）》

该文件中指出，农业和农村信息化建设基本框架主要由作用于农村经济、政治、文化、社会等领域的信息基础设施、信息资源、人才队伍、服务与应用系统，以及与之发展相适应的规则体系、运行机制等构成。

农业信息化建设是农业信息服务的基础。该框架说明了基础设施、信息资源、人员、系统平台是农村信息化成果对外提供服务的硬件支持，规则体系、运行机制是农村信息化成果服务应用的软件支撑，缺一不可。

2. 《全国农业农村信息化发展"十二五"规划》

该文件对信息化基础建设从基础设施、信息资源、信息技术、信息化系统方面进行了阐述。在论述"十二五"主要任务——"开创农业信息服务新局面"时，指出：①打造农业综合信息服务平台：建设覆盖部、省、地市、县的四级农业综合信息服务平台，完善呼叫中心信息系统、短彩信服务系统、手机报、双向视频系统等信息服务支持系统，为广大农民、农民专业合作社、农业企业等用户提供政策、科技、市场等各个方面的信息服务。②完善信息服务体系：依托农业综合信息服务平台，组建各级、各个领域的权威专家服务团队，增强服务效果。规范乡村信息服务站点建设，提高基层农村信息服务水平。继续从种养大户、农村经纪人、农民专业合作社以及大学生村官等群体中培养选拔农村信息员，壮大农村信息员队伍，加强农村信息员培训，提高信息服务能力。③探索信息服务长效机制：探索建立公益性服务政府主导，非公益性服务市场运作的信息服务机制，形成"政府主导、社会参与、市场运作、多方共赢"的农业信息服务格局。因地制宜，探索农业农村信息服务的可持续发展模式。建立健全农业信息服务法律法规体系，规范信息服务主体行为。建立农业信息市场，优化信息服务环境，为信息服务长效运行创造条件。

规划再次肯定了农业信息服务的基础条件是：基础设施、信息资源、信息技术、信息化系统。并认为，综合信息服务平台、信息服务体系（包括农业专业合作社等组织，专家团队、种养大户及经济人等人力资源）、农村信息服务模式（包括机制、法规体系、服务主体行为规范），是后期需要重点发展的方向。这也是制定一个可持续发展且具有生命力标准体系框架所需要重点考虑的方面。

3.《国务院关于加快发展服务业的若干意见》（国发〔2007〕7号）

该文件中明确指出要"积极发展农村服务业"，加快农业信息服务体系建设，逐步形成连接国内外市场、覆盖生产和消费的信息网络。大力发展各类农民专业合作组织，支持其开展市场营销、信息服务、技术培训、农产品加工储藏和农资采购经营。

该文件说明了农业信息服务体系是农村服务业的重要内容。此外，农民专业合作组织是农业信息服务体系中的重要主体，市场服务、信息服务、技术培训是农业信息服务的重要形式。

4.《全国农村经营管理信息化发展规划（2013—2020年）》

该文件在发展目标方面，指出到2020年，农经工作信息化装备水平不断提升，农经队伍信息化素质明显提高，农经信息资源整理开发利用水平显著增强，信息技术与农经业务深度融合，逐步实现基础工作标准化、业务流程程序化、监管服务网络化、信息调度实时化。在重点任务中提出要"提升农业生产经营服务信息化水平"。在建立相应的农业生产信息化系统、经营信息化系统的基础上，推进农业社会化服务信息化，以农业产业化龙头企业、农民专业合作社为主体，以其他农业社会化服务机构为补充，根据当地农业产业特征，选择发展基础良好的产业，有计划、分批次的建立面向广大农户的农业社会化专业信息服务系统，为其提供覆盖产前、产中、产后全产业链的专业化信息服务。

该规划指出在农村经营管理方面，信息化装备、人员队伍、信息资源，以及标准化的工作业务流程是重点。此外，在生产信息化、经营信息化的基础上，农业社会服务信息化是重要发展方向。

5.《关于全面深化农村改革加快推进农业现代化的若干意见》

该文件指出，要健全农业社会化服务体系，稳定农业公共服务机构，健全经费保障、绩效考核激励机制。采取财政扶持、税费优惠、信贷支持等措施，大力发展主体多元、形式多样、竞争充分的社会化服务，推行合作式、订单式、托管式等服务模式，扩大农业生产全程社会化服务试点范围。通过政府购买服务等方式，支持具有资质的经营性服务组织从事农业公益性服务。扶持发展农民合作组织、防汛抗旱专业队、专业技术协会、农民经纪人队伍。

从该文件可见，面向农村的服务组织包括农民合作组织、专业服务队、专业协会，面向农村的服务人员有农民经济人等，其为标准体系框架中组织及人员类目的内容划分提供了重要依据和参考。此外，经费保障、评价激励，也是本研究框架需要考虑的方面。

6.《信息化发展规划》（工业信息化部 2013）

该文件与本研究的相关要点有：①完善农村综合信息服务体系。建立全国农业综合信息服务平台。按照政府主导、社会参与、资源整合、多方共建的原则，加快农村基层信息服务站和信息员队伍建设，形成以村为节点、县为基础、省为平台、全国统筹的农村综合信息服务体系。②加强涉农信息资源整合。科学规划各级政府部门涉农信息资源建设，集约建设涉农信息系统、服务平台和农业综合基础数据库。发展专业性信息资源服务平台，丰富农村信息服务内容。大力推进信息技术在农业生产、经营、管理和服务各环节的应用，引导农业生产经营向精准化、集约化、智能化方向发展。推进农业信息化试点示范，促进形成具有地方特色的农业信息化应用模式。③涉农信息资源整合集成计划。鼓励建设农业农村综合信息资源和服务平台，重点建立粮食、瓜果蔬菜、畜禽、水产品等专业性信息资源和服务平台，支撑重点农业产品产业链管理和科技服务信息化。④健全农业专家信息咨询服务体系。

该文件指出基于信息技术的深入应用开发涉及生产、经营、管理和服务环节，因此农业信息服务系统平台标准相应有生产信息化系统平台、经营信息化系统平台、管理信息化系统平台、服务信息化系统平台等相关标准。此外，提出了专家咨询服务也是农业信息服务的重要提供形式之一。

7.《中华人民共和国农业技术推广法》

农业信息服务在一定程度上是利用信息化手段进行农业技术推广的活动。因此，《中华人民共和国农技推广法》（简称《推广法》）的相关规定在本框架研究和类目划分时，仍具有重要指导作用。

《推广法》第二条指出：农业技术推广是通过试验、示范、培训、指导以及咨询服务等，把农业技术普及应用于农业生产产前、产中、产后全过程的活动。依据该条款，说明农业技术推广过程中，培训、指导及咨询是农业信息服务提供的重要形式。

《推广法》第十条指出：农业技术推广实行农业技术推广机构与农业科研单位、有关学校以及群众性科技组织、农民技术人员相结合的推广体系。鼓励和支持供销合作社、其他企业事业单位、社会团体以及社会各界的科技人员，到农村开展农业技术推广服务活动。说明农技推广机构、科研院校、社会团体是农技服务的重要组织类型，农民技术人员，科技人员是技术服务的重要人力资源。

《推广法》第十二条指出：农业技术推广机构的专业科

技人员，应当具有中等以上有关专业学历，或者经县级以上人民政府有关部门主持的专业考核培训，达到相应的专业技术水平。该条为农业服务人员的任职标准提出了基本要求。

（二）标准法及标准

农业信息服务标准体系框架的构建是涉及标准化的研究，因此必须遵循《中华人民共和国标准化法》、《标准体系表编制原则和要求》（GB/T 13016—2009）的有关规定。

1. 《中华人民共和国标准化法》

《中华人民共和国标准化法》（简称《标准法》）对标准化工作的总体原则、标准的制定标准、组织实施标准和实施监督标准等方面进行规定。农业信息服务标准体系框架研究，将提出一些待制定标准，这些标准需要遵从《标准法》的有关规定。主要依据条款如下：

《标准法》第六条，对需要在全国范围内统一的技术要求，应当制定国家标准。对没有国家标准而又需要在全国某个行业范围内统一的技术要求，可以制定行业标准。对没有国家标准和行业标准而又需要在省、自治区、直辖市范围内统一的工业产品的安全、卫生要求，可以制定地方标准。

《标准法》第七条，国家标准、行业标准分为强制性标准和推荐性标准。保障人体健康，人身、财产安全的标准和法律、行政法规规定强制执行的标准是强制性标准，其他标准是推荐性标准。

《标准法》第九条，制定标准应当有利于合理利用国家资源，推广科学技术成果，提高经济效益，并符合使用要求，有利于产品的通用互换，做到技术上先进，经济上合理。

《标准法》第十条，制定标准应当做到有关标准的协调配套。

在标准实施方面，重点需要遵循以下条款的指导作用：

《标准法》第十四条，强制性标准，必须执行。不符合强制性标准的产品，禁止生产、销售和进口。推荐性标准，国家鼓励企业自愿采用。

《标准法》第十八条，县级以上政府标准化行政主管部门负责对标准的实施进行监督检查。

2.《标准体系表编制原则和要求》（GB/T 13016—2009）

该国家标准规定了标准体系表的编制原则、格式及要求，适用于编制全国、行业、专业、企业及其他方面的标准体系表。本研究遵循该国标要求，并根据实际情况，制定了农业信息服务标准体系框架编制原则，是从标准化专业角度构建体系框架的重要依据。

二、基础框架选择

基础框架是标准体系构建的基本思路。与本研究相关的基础框架有：服务组织标准体系框架及企业标准体系框架。服务组织标准体系框架所依据的国家标准为：《服务标准化工作指南》（GB/T 15624—2011）、《服务业组织标准化工作指南 第2部分：标准体系》（GB/T 24421.2—2009），企业标准体系框架所依据的国家标准为：《企业标准体系表编制指南》（GB/T 13017—2008）。由于服务业组织标准体系框架与当前我国农业信息服务发展需求相吻合，本研究选择其作为农业信息服务标准体系框架构建的基础框架。

1.《服务标准化工作指南》（GB/T 15624—2011）

该指南的重要指导思想原则是：①重点关注用户需求：服务标准化工作应以用户需求为导向，应充分吸纳用户参与，提升用户满意度，保护用户合法权益。②紧密结合产业发展：服务标准化工作应依托相关产业发展，符合行业发展实际，规范引导服务业市场；同时注重以标准化手段推动自主创新，促进先进经验、技术和管理方式在服务业中的应用，实现服务业又快又好发展。③充分考虑服务特性：服务标准化工作应充分考虑服务的无形性、非储存性、同时性和主动性等特性，创新服务标准化工作的方法和手段，增强工作的有效性。该标准规定了服务标准化的范围、服务标准的类型、服务标准的制定、实施、评价及改进等内容。其中，在标准化范围方面，主要包括对服务业中的服务活动，也包括农业、工业中存在的服务活动进行标准化。

2. 《服务业组织标准化工作指南》（GB/T 24421.2—2009）

《服务业组织标准化工作指南 第2部分：标准体系》（GB/T 24421.2—2009），该部分进一步明确提出了服务标准体系由通用基础标准、服务保障标准、服务提供标准三大子体系组成（图4-1）。通用基础标准是服务保障标准、服务提供标准的基础，服务保障标准是服务提供标准的直接支撑，服务提供标准促使服务保障标准的完善。

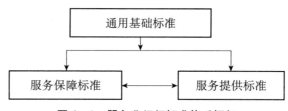

图4-1　服务业组织标准体系框架

3. 《企业标准体系表编制指南》（GB/T 13017—2008）

该指南为工程项目（如电子政务项目）建立标准体系提供指导和借鉴。企业标准体系围绕着企业明确的目标开展。如围绕质量而建立的企业标准体系，目的是改进企业的质量管理；围绕企业信息化建设而建立的企业标准体系，目的是实现数据共享、应用系统集成等目标。企业标准体系包括：技术标准，即对标准化领域中需要协调统一的技术事项所制定的标准。如农业（含林业、牧业、渔业等）产品（含种子、种苗、种畜、种禽）的品种、规格、质量、等级、检验、包装、储存、运输以及生产技术、管理技术的要求。管理标准，即对企业标准化领域中需要协调统一的管理事项所制定的标准。其中管理事项指在企业管理中，如法人管理（发展战略与目标、实体定位、组织等）、营销、标准化与信息、设计、需求、人才、财务、生产、检验、销售、服务、质量、安全、卫生、环保、节能等管理中与实施技术标准有关的重复性事物和概念。工作标准，对企业标准化领域中需要协调统一的工作事项所制定的标准。其中，"工作事项"主要指在执行相应管理标准和技术标准时，与工作岗位的职责权限、工作内容和方法、岗位的任职资格和基本技能、检查考核等有关的重复性事物和概念。其组成，如图 4 - 2 所示。

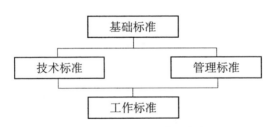

图 4 - 2 企业标准体系框架

服务业组织标准体系框架强调围绕用户需求，在服务组织内部条件建设的基础上，同时强调对外服务过程中的标准规范。我国农业信息化进程在信息化建设的基础上，将向信息化成果深入应用服务阶段迈进，农业信息服务成为破解"最后一公里"问题的必不可少的重要手段，在已建设完成的技术成果基础上进行对外服务环节必不可少。因此，本研究选择服务业组织标准体系框架作为农业信息服务标准体系框架构建的基础框架。

　　总体而言，国家政策法规文件对农业信息服务标准体系框架的研究制定具有导向性指导作用，为农业信息服务标准体系下属要素的划分提供了重要依据和有效支撑，《标准法》及相关标准为体系的具体构建提供了操作指南（图4－3）。

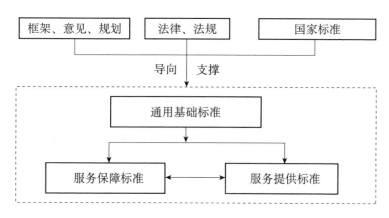

图4－3　农业信息服务标准体系框架构建依据

第二节　农业信息服务标准体系框架结构模型

一、框架结构空间模型

　　农业信息服务标准体系框架是兼有农业信息化特点、服务特点及标准化特点的综合体系，它由农业信息服务内容要素和具体标准组成。宏观层面的内容要素包括通用基础标准、服务保障标准及服务提供标准3个维度，相关维度交叉，以派生出子体系或具体标准。微观层面的标准要素涉及标准级别、标准类别、标准约束力3方面属性。

上述宏观层面的内容要素和微观层面的标准属性有机结合，构成了农业信息服务标准体系框架结构模型，其三维空间示意图，如图4-4所示。

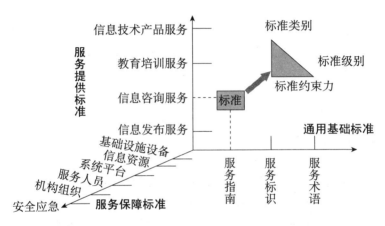

图4-4　农业信息服务标准体系框架结构模型的三维空间示意

二、框架结构中的内容要素

农业信息服务的内涵决定了农业信息服务标准体系框架的各个树形分支，其内部组成单元数量众多、关系复杂，其中，具有共同使用和重复使用特点的内容都是标准化的对象，也即是农业信息服务标准体系框架的内容要素。从上文发展现状调研、研究现状分析、已颁布标准统计，以及政策法规条文中综合分析得出，农业信息服务的基础条件涉及服务设施、信息资源，系统平台、人员及组织等方面，其中，系统平台主要包括生产信息化类系统平台、经营信息化类系统平台、管理信息化类系统平台、服务信息化类系统平台等，此外，农业信息服务的提供形式包括信息发布、咨询、培训及技术产品服务等方面。在此基础上，基于上文确定的基础框架，将上述要素划分为通用基础标准、服务保障标准、服务提供标准三大类。

1. 通用基础标准

指在农业信息服务范围内，作为其他标准的基础并普遍使用，且具有广泛指导意义的系列标准所构成的标准体系，如术语标准、符号、代号、代码标准、量与单位标准等。

本研究中通用基础标准下属要素包括：服务指南、服务术语、服务标识。

2. 服务保障标准

指为支撑各种农业信息服务方式有效提供，为农业信息服务提供保障而制定的规范性文件。

本研究中服务保障标准下属要素包括农业信息基础设施设备、农业信息资源、农业信息系统平台、农业信息服务组织、农业信息服务人员、农业信息安全应急。

3. 服务提供标准

指为满足服务对象的需要，规范服务提供方与服务对象之间直接或间接接触活动过程的规范性文件。

本研究中服务提供标准下属要素包括：农业信息发布服务、农业信息咨询服务、农民教育培训服务、农业信息技术产品服务。

三、框架结构中的标准属性

框架中的标准具有标准级别、标准类别、标准约束力 3 个方面的属性。

1. **标准类别**

分为管理标准、工作标准和技术标准。其中，管理标准，即需要协调统一的管理事项所制定的标准；工作标准，即对服务工作的责任、权利、范围、质量要求、程序、效果、检查方法、考核办法等所制定的标准；技术标准：即对需要协调统一的技术事项所制定的标准。

2. **标准级别**

分为国家标准、行业标准、地方标准。其中，对于需要在全国范围内统一的要求，应制定国家标准；对于没有国家标准而又需要在农业信息服务行业中统一的要求，可以制定行业标准；除国家标准与行业标准之外，为满足各地区农业信息服务业特殊需求，可在充分考虑地方经济社会发展现状与当地农业信息服务业特点的基础上，制定地方标准。

3. **标准约束力**

分为强制性标准和推荐性标准。《中华人民共和国标准化法》规定，国家标准、行业标准、地方标准分为强制性标准和推荐性标准。保障人体健康，人身、财产安全的标准，以及相关法律、行政法规规定强制执行的标准是强制性标准，其他标准是推荐性标准。强制性标准是所有相关方都必须严格遵守的标准，而推荐性标准则是鼓励各相关方积极采用的标准。对于农业信息服务标准体系而言，以推荐性标准为主，其中对于信息安全、保障服务人员身体健康及财产安全的内容则应制定强制性标准。

第三节 农业信息服务标准体系框架构建

一、体系框架设计

标准体系框架主要反映了标准体系的标准类别组成和层次结构关系。农业信息服务标准体系框架作为农业信息服务标准的系统集成，其应布局合理、领域完整、逻辑明确、功能完善，满足农业信息服务行业标准发展的总体需求。从农业信息服务的现实需求出发，以标准体系框架图通用的树形层次结构表达各部分的内在联系，通过母节点层反映农业信息服务标准化建设工作的抽象性和共性，通过子节点层所包含的标准以体现农业信息服务标准化建设工作的具体性和差异性，由此得到农业信息服务标准体系框架图。

其中，通用基础标准子体系为服务保障标准子体系和服务提供子体系的提供术语、标识及指南等基础标准。服务保障标准子体系根据农业信息服务活动开展所需要的基本要素，划分为基础设施设备、信息资源、系统平台、服务人员、服务组织、安全应急6个方面。服务提供标准子体系根据农业信息服务的形式，划分为农业信息发布服务、农业信息咨询服务、农民教育培训服务、农业信息技术产品服务等几个方面。农业信息服务标准体系框架图，如图4-5所示。

二、体系框架具体内容

（一）农业信息服务通用基础标准子体系

通用基础标准是为农业信息服务的相关标准提供基本原

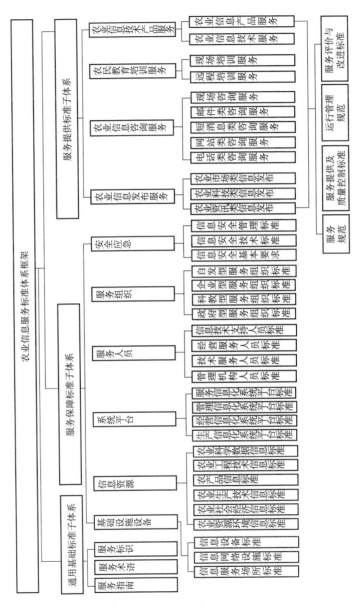

图4-5 农业信息服务标准体系框架

则、框架、基础性通用术语及标识的标准。

通用基础标准子体系层次结构，如图 4 – 6 所示，包括服务指南、服务术语及服务标识。

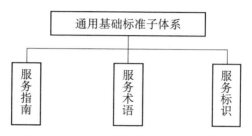

图 4 – 6　通用基础标准子体系下属分类

服务指南用以规定农业信息服务的基本原则、基本内容及构成要素。

服务术语相关标准是指将农业信息服务相关的主题词、重要名词、术语和技术词汇进行统一，以避免引起对它们的歧义性理解。其主要包括：农业信息服务基础术语、农业信息服务主题词表等。

服务标识相关标准是对农业信息服务有关通用标识、个性化标识所提出的设计规范和要求。

（二）农业信息服务保障标准子体系

农业信息服务保障标准是为支撑服务有效提供而制定的规范性文件按其内在联系而形成的科学有机整体。该子体系的构成要素是开展农业信息服务的基础条件。

农业信息服务保障标准子体系的层级结构，如图 4 – 7 所示，包括基础设施设备、信息资源、系统平台、服务人员、服务组织、安全应急等类标准。

1. 基础设施设备

基础设施设备类标准是与农业信息服务场所建设、信息网络建设、运行、维护有关的技术依据和管理规范，以确保网络基础设施互联互通。

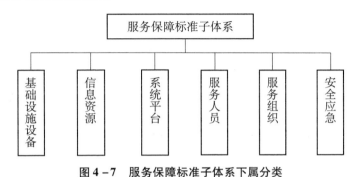

图4－7　服务保障标准子体系下属分类

基础设施设备类标准包括信息服务场所标准、信息网络设施标准、信息设备标准（图4－8）。

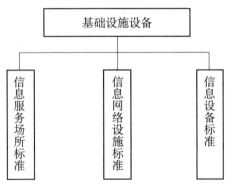

图4－8　基础设施设备标准

信息服务场所标准：即在农业信息服务中心、服务站点等场所建设过程中，与建筑设施、内部功能布局及选址相关的技术规范和要求。

信息服务网络环境标准：即与网络结构等物理环境的规划设计相关的技术规范和要求。

服务设备标准：指为保证应用系统平台正常运行以及服务有效提供，从而对服务硬件设备提出的技术、参数及指标要求。

2. 信息资源

农业信息资源分为农业资源环境信息、农村社会经济信息、农业生产技术信息、农产品信息、农业工程技术信息、农业科学数据信息（图 4-9）。为了规范化描述各类农业信息资源，以实现信息共享与管理，相关标准主要包括与上述分类相对应的数据元、元数据及信息分类编码标准（图 4-10）。

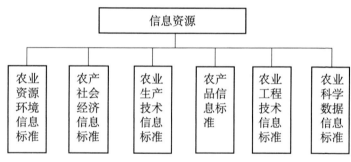

图 4-9　信息资源分类

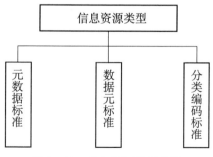

图 4-10　信息资源类型分类

农业资源环境信息标准：主要指土地、土壤、气候、水、农业生物品种等方面信息的元数据、数据元、分类编码标准。

农村社会经济信息标准：主要指人口、文化、教育、社会组织等方面信息的元数据、数据元、分类编码标准。

农业生产技术信息标准：主要指科学种植、科学饲养、科学加工、科学利用等方面信息的元数据、数据元、分类编码标准。

农产品信息标准：主要指在农业活动中获得的植物、动物产品等方面信息的元数据、数据元、分类编码标准。

农业工程信息标准：主要指与农业生产有关的各种工具器械、工程设施等方面信息的元数据、数据元、分类编码标准。

农业科学数据信息标准：农业科学数据一般指从事农业科技活动产生的原始性、基础性数据及按照不同需求系统加工后的数据集和相关信息，既包括农业及相关部门大规模观测、探测、调查和试验工作所获得长期积累和整编的海量科学数据，也包括广大农业科技工作者长年累月的研究工作所产生的大量科学数据。农业科学数据资源标准指与上述方面相关的信息的元数据、数据元、分类编码标准。

元数据：元数据是关于数据的数据，是对数据的说明，提供关于信息资源或数据的一种结构化的数据，是对信息资源的结构化的描述。本研究中的元数据标准主要指的是数据的基本格式、数据字典等标准。

数据元：数据元是通过一组属性描述其定义、标识、表示和允许值的数据单元。在特定的语义环境中被认为是不可再分的最小数据单元。数据元本身也是数据单元，即也是数据。它就是一个用来对各行业的数据进行自身规范化的一个方法或一套指导的理论。用这一套方法对行业数据进行统一的名、型、值规范及分类。本研究中的数据元标准主要指数据的定义、术语、词汇、标志、表示方法和管理等数据属性标准。

信息分类编码：信息分类编码是标准化的一个领域，包括信息分类和信息编码两部分内容。信息分类就是根据信息内容的属性或特征，将信息按一定的原则和方法进行区分和归类，并建立起一定的分类系统和排列顺序，以便管理和使用信息。信息编码就是在信息分类的基础上，将信息对象（编码对象）赋予有一定规律性的、易于计算机和人识别与处理的符号。本研究中的分类编码标准指的是数据的分类和编码方法标准。

3. 系统平台

系统平台类标准为农业生产、经营、管理及服务过程提供信息化技术支撑的标准。

系统平台类标准包括：生产信息化系统平台标准、经营信息化系统平台标准、管理信息化系统平台标准及服务信息化系统平台标准（图4－11）。

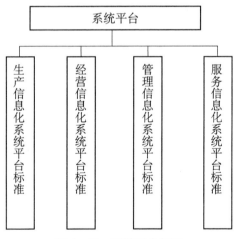

图4－11　系统平台标准

（1）生产信息化系统平台标准

是以农业生产者为服务对象，对种植、畜牧、渔业农业行业生产过程进行辅助以优质高效生产的信息化软硬件开发建设标准。具体涉及种植业信息化、畜牧业信息化、渔业信息化等系统平台建设标准（图4-12）。

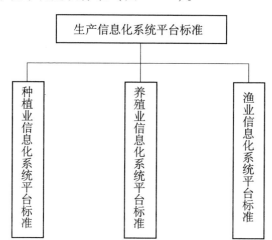

图 4-12 生产信息化系统平台标准

种植业信息化系统平台标准：涉及大田种植信息化、设施园艺信息化和果园信息化等信息化应用开发标准；

畜牧业信息化系统平台标准：涉及畜禽养殖环境监测、育种管理、饲料管理、营养调配、疾病防治等方面信息化应用开发标准；

渔业信息化系统平台标准：主要涉及渔业养殖水质环境监测、育种管理、饵料管理、营养调配、疾病防治、饲喂管理、渔场管理、质量追溯、产品分级等方面信息化应用开发标准。

（2）经营信息化系统平台标准

是以农业经营者为服务对象，通过普遍采用信息技术和电子信息装备，对农产品运输、交换、消费等环节进行辅助，以更加有效促进农产品流通和增加收益的信息化应用开发标准。主要涉及农产品物流信息化、农产品电子商务信息化、农产品批发市场信息化、农业企业经营信息化、农民合作组织信息化等系统平台建设标准（图4-13）。

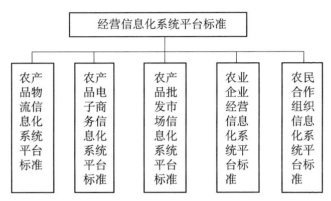

图 4 - 13　经营信息化系统平台标准

农产品物流信息化系统平台标准：即运用现代信息技术，对物流过程中产生的信息进行采集、分类、传递、汇总、识别、跟踪、查询，以实现对农产品流通过程的控制，从而降低成本、提高效益的相关系统平台建设标准。

农产品电子商务信息化系统平台标准：即指利用计算机和网络技术，来实现农产品宣传、营销、推广的相关系统平台建设标准。

农产品批发市场信息化系统平台标准：即指以农产品及其加工品为交易对象，为买卖双方提供长期、固定、公开的批发交易设施设备，并具备商品集散、信息公示等交易场所的相关系统平台建设标准。

农业企业经营管理信息化系统平台标准：指对农业企业整体生产经营活动进行决策，计划、组织、控制、协调，并对企业成员进行激励，以实现其任务和目标的相关系统平台建设标准。

农民合作组织信息化系统平台标准：农民专业合作组织是农民自愿参加的，以农户经营为基础，以某一产业或产品为纽带，以增加成员收入为目的，实行资金、技术、采购、生产、加工、销售等互助合作的经济组织。本标准指为农民合作组织在经营过程中提供便利、提高效益的信息化系统平台建设标准。

（3）管理信息化系统平台标准

是以管理部门为主要服务对象，对农情、农产品质量安全、农产品市场、疫病等进行有效管理的软硬件开发建设标准。涉及农情信息管理、农产品质量安全、农产品市场监测、动物疫病防控管理、农机监理、农药管理、饲料安全、电子政务等系统平台标准（图4-14）。

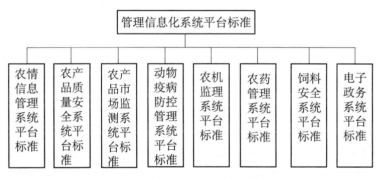

图4-14 管理信息化系统平台标准

农情信息管理系统平台标准：农情信息管理涉及农业田间管理和农业生产主要影响因素管理等方面。农情信息管理系统平台标准具体包括种植计划、实播面积、苗情长势、灾害影响、产量预测等生产动态管理系统平台标准，以及雨情、水情、灾情、行情、民情等系统平台标准。

农产品质量安全系统平台标准：影响农产品质量安全的因素包括在生产、贮存、流通和使用过程中，形成和残存的危害因子。农产品质量安全系统平台标准指基于对农产品加工储运过程中的等级、规格、品质等特性要求，以及对人、环境的危害等级水平要求所建设系统平台的相关标准。

农产品市场监测系统平台标准，指用于对农产品的需求、库存、进出口、市场行情和生产成本进行动态监测、分析，实施先兆预警，为政府部门、生产者和经营者提供决策参考的系统平台建设所应遵循的标准。

动物疫病防控管理系统平台标准，指用于动物疫病预警、监测及信息上报的系统平台建设所应遵循的标准。

农机监理管理系统平台标准，指用于对农机机械及其操作使用者进行严格、科学的安全生产监督和管理，以纠正违章，杜绝事故，使农机生产安全、有序进行的系统平台建设所应遵循的标准。

农药管理系统平台标准，指用于农药生产、经营、使用等方面进行监督的系统平台建设所应遵循的标准。

饲料安全管理系统平台标准，指用于饲料产品安全性监测以保障饲料安全的相关系统平台建设所应遵循的标准。

电子政务系统平台标准，指用于政府机构在互联网上实现政府组织结构和工作流程的优化重组，跨越时间、空间与部门分隔的限制，从而向社会提供优质、规范、透明的相关系统平台建设所应遵循的标准。

（4）服务信息化系统平台标准

以农村公众为服务对象，为农村生产、生活提供公共服务的系统平台建设所应遵循的标准。涉及农村文化生活信息服务、农业社会保障信息服务、农村综合信息服务等系统平台标准。

农村文化生活服务系统平台标准：指农村数字图书馆、数字家园等文化信息资源共享服务系统平台建设应遵循的标准。

农村社会保障服务系统平台标准：指农村教育信息服务、医疗卫生信息服务、劳动力就业转移服务、社保信息服务等系统平台建设应遵循的标准。

农村综合服务系统平台标准：指农村文化生活及社保保障

服务以外，其他综合信息服务系统平台建设应遵循的标准（图 4 – 15）。

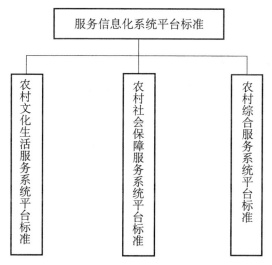

图 4 – 15　服务信息化系统平台标准

4. 服务人员

服务人员类标准用于对不同类型农业信息服务人员的职责、专业技能、服务礼仪进行规范化要求，对其考核、激励、培训进行规范化管理。

服务人员类标准涉及农业信息服务管理机构人员标准、技术服务人员标准、经营服务人员标准、信息技术支持人员标准（图 4 – 16）。

管理机构人员标准是对具有农业信息服务职责的管理机构部门人员所提出的工作要求和管理规范。

技术服务人员标准是对农业生产提供技术服务的人员的工作要求和管理规范。

经营服务人员标准是对进行农业经营性服务人员所提出的工作要求和管理规范。

信息技术支持人员标准是为农业信息化系统平台运行维护提供技术支持的人员的工作要求和管理要求。

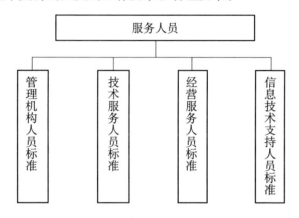

图 4 – 16　服务人员标准层次结构

5. 服务组织

服务组织类标准是用以对不同类型农业信息组织进行认定、监督及考核的相关标准。

服务组织类标准涉及行政型服务组织、科教型服务组织、企业型服务组织、自助型服务组织标准（图 4 – 17）。

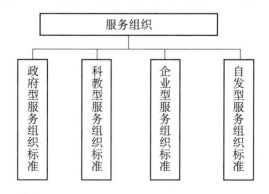

图 4 – 17　服务组织标准层次结构

政府型服务组织标准：指对具有行政职能的农业信息服务组织所提出的职责要求，以及监督考核管理规范等。

科教型服务组织标准：指对高校、科研院所中从事农业信息服务的组织的认定、监督、考核规范化管理标准。

企业型服务组织标准：指对注册经营性企业中从事农业信息服务的部门的认定、监督、考核规范化管理标准。

农民自发型服务组织标准：指农民自发组织而形成的从事农业信息服务的组织的认定监督、考核规范化管理标准。

6. 安全应急

安全应急类标准是有益于农业信息服务有序提供，确保信息系统稳定运行的管理及技术标准规范。

安全应急类标准包括信息安全总体标准、信息安全技术标准、信息安全管理标准 3 个二级类目（图 4 - 18）。

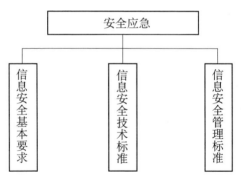

图 4 - 18 安全应急标准层次结构

信息安全基本要求主要涉及安全体系结构、模型等方面的基本要求、标准和规范。

信息安全技术标准包括网络安全、系统安全、应用安全、物理安全等方面的标准和规范。网络安全标准主要涉及与计算机网络系统安全相关的标准和规范。系统安全标准主要涉及操作系统安全、数据安全、密码技术、电子签名、抗抵赖机制、鉴别机制等方面的标准和规范。物理安全标准主要涉及与物理设备的安全和运行环境安全等相关的标准和规范。

信息安全管理标准包括与系统安全管理、测试评估、风险等级管理等方面相关的标准、规范。

（三）农业信息服务提供标准子体系

农业信息服务提供标准子体系是为满足农业信息用户的需要，规范服务提供方与用户之间直接或间接接触活动过程的规范性文件。

农业信息服务提供子体系如图 4 – 19 所示，从服务形式角度，包括农业信息发布服务、农业信息咨询服务、农民教育培训服务、农业信息化技术产品服务，从标准化角度，包括服务规范、服务提供及质量控制标准、运行管理标准，服务评价与改进标准，两个角度交叉，以形成具体标准。

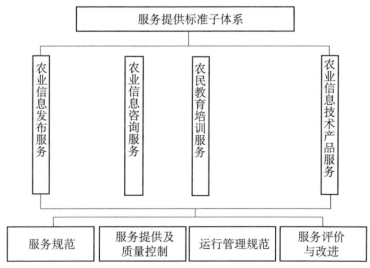

图 4 – 19　服务提供标准子体系下属分类

服务规范：指农业信息服务应达到的水平和要求。

服务提供及质量控制标准：指在农业信息服务过程中，对服务流程步骤等制定的标准，农业信息服务质量控制标准是指识别、分析对服务质量具有重要影响的关键过程，并加以控制而制定的标准。

运行管理标准：指对外提供服务过程中，在服务规划、服务宣传、服务推广、服务反馈、服务统计、服务监督过程中应采取的管理措施和要求。

服务评价与改进标准：对服务的有效性、适宜性和用户满意度进行评价，并对达不到预期效果的环节进行改进而制定的标准。

1. 农业信息发布服务

农业信息发布服务类标准指不同类型农业信息对外发布传播所应遵循的服务规范及质量控制标准。

农业信息发布服务类标准包括：农业资讯类信息发布、农业科技类信息发布、农业产品类信息发布等标准规范（图4-20）。

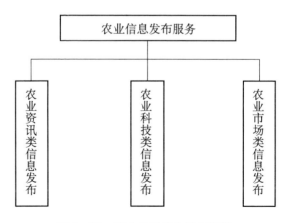

图4-20　农业信息发布服务标准

农业资讯类信息发布标准：指根据资讯类信息特点，从信息采集来源的可靠性、信息发布的时效性以及信息的完整性等方面的进行要求的标准规范。

农业科技类信息发布标准：指根据科技信息特点，从信息内容的专业、科学性等方面进行要求的标准规范。

农业市场类信息发布标准：根据农业市场类信息特点，从信息的客观真实性、完整性、全面性等方面进行要求的标准规范。如包括产品图片、描述、价格、支付等方面的规范化要求。

2. 农业信息咨询服务

农业信息咨询服务类标准指不同咨询服务方式在服务过程中应遵循的服务规范、提供规范、质量控制规范、运行管理规范及评价改进标准。

农业信息咨询服务类标准涉及电话类咨询服务、网站类咨询服务、短消息类咨询服务、邮件咨询服务、现场咨询服务等方面标准规范（图4－21）。

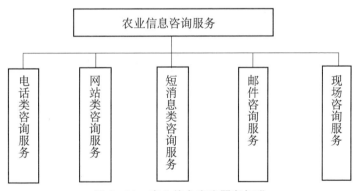

图4－21　农业信息咨询服务标准

电话类咨询服务标准：指通过热线电话、网络电话等提供服务时所应遵循的服务程序要求及质量控制规范。

网站类咨询服务标准：指通过农业网站受理网络留言咨询解答所应遵循的服务程序要求及质量控制规范。

短消息类咨询服务标准：指通过农业短信、微信、QQ等及时通信方式提供咨询服务时所应遵循的服务程序要求及质量控制规范。

邮件类咨询服务标准：指通过邮件提供咨询服务应遵循的服务程序要求及质量控制规范。

现场咨询服务标准：指通过农业信息服务站点提供面对面现场咨询服务应遵循的服务程序要求及质量控制规范。

3. 农民教育培训服务

农民教育培训服务类标准指不同形式培训活动实施所应遵循的服务规范、质量控制规范、运行管理规范及评价改进标准。

农民教育培训服务类标准涉及远程培训、现场培训等方面相关标准规范（图4-22）。

图4-22　农民教育培训服务标准

远程培训服务标准：指通过网络手段，远程为农民提供农业知识技能培训过程中应遵循的标准规范

现场培训服务标准：指以专家亲临现场的方式，为农民提供农业知识技能培训过程中应遵循的标准规范。

4. 农业信息技术产品服务

农业信息技术产品服务类标准指为农业提供信息化技术及产品所应遵循的相关服务规范、质量控制规范及评价改进标准。

农业信息技术产品服务类标准包括农业信息技术服务标

准，以及农业信息产品服务标准（图4－23）。

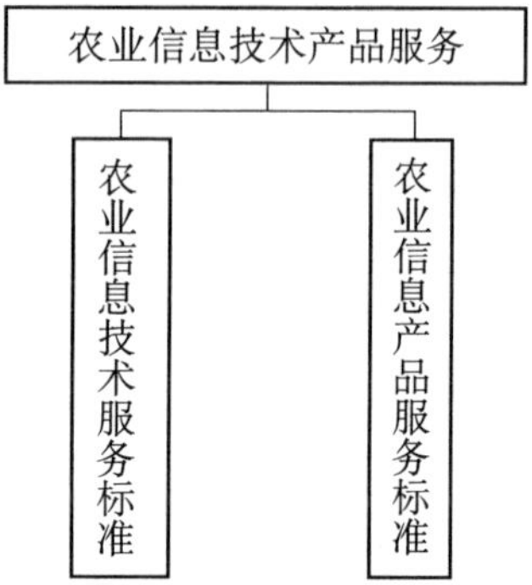

图4－23　农业信息技术产品服务标准

农业信息技术服务标准，指针对农业生产经营管理需求，以信息技术为手段，提供农业信息化解决方案所应遵循的标准规范。

农业信息化产品服务标准，指在农业信息化产品交易过程前后，为用户提供售前咨询、售中物流配送及支付、售后运维技术支持等服务所应遵循的标准规范。

第四节　农业信息服务标准体系明细分析

一、农业信息服务标准体系明细表编制

在农业信息服务标准体系框架构建的基础上，借助标准化基本原理，运用服务业标准化建设工作方法，以满足我国农业信息服务标准化现实需求为出发点，借鉴国内外先进实践经验，结合目前已颁发布实施的相关标准，编制标准体系明细表。由于当前我国农业信息服务标准化建设工作处于起步阶段，作为农业信息服务标准化建设工作的顶层设计，在标准明

细表的编制中，以国家和行业标准为主，地方标准为辅，进行已有标准梳理，具体如附件 1 所示。各级标准数量统计如下表所示。

表 农业信息服务标准体系明细统计

一级类目	二级类目	三级类目	标准数量	备注
通用基础标准	服务指南		1	1 项待编
	服务术语		1	1 项待编
	服务标识		3	2 项待编
服务保障标准	基础设施设备	信息服务场所标准	7	
		信息网络设施标准	26	
		信息设备标准	14	
	信息资源	农业资源环境信息标准	94	
		农业社会经济信息标准	17	
		农业生产技术信息标准	10	
		农产品信息资源标准	25	
		农业工程技术信息标准	8	
		农业科学数据资源标准	8	
	系统平台标准	生产信息化系统平台标准	7	
		经营信息化系统平台标准	10	
		管理信息化系统平台标准	13	
		服务信息化系统平台标准	3	
	服务人员标准	管理机构人员标准	2	2 项待编
		技术服务人员标准	2	2 项待编
		经营服务人员标准	2	2 项待编
		信息技术支持人员标准	2	2 项待编
	机构组织标准	政府型服务组织标准	2	2 项待编
		科教型服务组织标准	2	2 项待编
		企业型服务组织标准	2	2 项待编
		自发型服务组织标准	1	1 项待编
	安全应急标准	信息安全基本要求	2	
		信息安全技术标准	3	
		信息安全管理标准	6	

一级类目	二级类目	三级类目	标准数量	备注
服务提供标准	农业信息发布服务	农业资讯类信息发布服务	3	1 项待编
		农业科技类信息发布服务	1	1 项待编
		农业市场类信息发布服务	1	1 项待编
	农业信息咨询服务（在此层级含 1 项待编标准）	电话类咨询服务	1	
		网站类咨询服务	2	1 项待编
		短消息类咨询服务	2	
		邮件类咨询服务	0	
		现场咨询服务	0	
	农民教育培训服务	远程培训服务	1	1 项待编
		现场培训服务	1	1 项待编
	农业信息技术产品服务	农业信息技术服务	1	
		农业信息产品服务	1	
总计			288	26 项待编

二、农业信息服务标准体系明细表汇总统计

由农业信息服务标准体系明细统计表可以看出，农业信息服务标准体系表共有标准 288 项，其中，已有标准 262 项，待编标准 26 项，如图 4 – 24 所示。

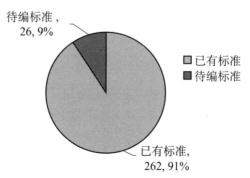

图 4 – 24　农业信息服务标准体系标准分布

从子体系标准分布来看，通用基础标准 5 项，农业信息服务保障标准 268 项，农业信息服务提供标准 15 项，如图 4 - 25 所示。

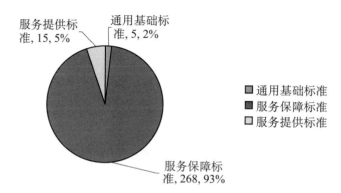

图 4 - 25　农业信息服务标准子体系标准分布

其中，通用基础标准子体系各类具体标准分布情况，如图 4 - 26 所示。

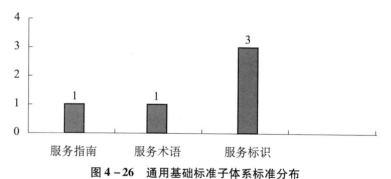

图 4 - 26　通用基础标准子体系标准分布

服务保障标准子体系各类具体标准分布情况，如图 4 - 27 所示。

服务提供标准子体系各类具体标准分布情况，如图 4 - 28 所示。

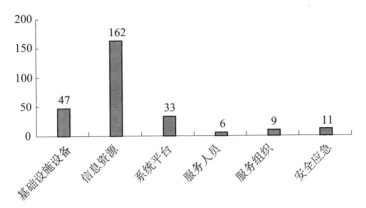

图 4 – 27　服务保障标准子体系各类具体标准分布

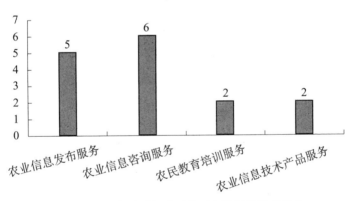

图 4 – 28　服务提供标准子体系各类具体标准分布

三、农业信息服务标准体系明细分析

标准化建设是推动我国农业信息服务行业科学发展的重要技术支撑。围绕农业信息服务标准体系，充分运用系统方法，发挥体系的系统效应，加强对相关标准的制定、使用和管理工作，能充分发挥其在农业信息服务行业中的战略性指导作用，大力推进我国农业信息服务标准化建设工作，确保农业信息服务又好又快地发展。考察农业信息服务标准体系明细表的标准分布情况，可以看出：

1. 应加强对农业信息服务提供标准的关注和研究

目前，农业信息服务保障标准占整个体系的93%，农业信息服务提供标准仅为5%。由于前期农业信息化建设注重基本保障条件的大力发展，相关标准也得以跟进。而面向农业用户的各类农业信息服务供给是在前期农业信息化建设基础上的深入应用，相关标准制定明显滞后，这与当前农业信息化的进程相吻合。但是，随着基于信息技术的各种服务在农业农村的应用普及和广泛传播，保障服务效果和服务质量的服务提供类标准制定已经提上日程，急需加强研究和关注。

2. 急需优先制定农业信息发布及咨询服务标准

农业信息服务标准的研究和制定应针对需求，分清轻重缓急，明确急需优先制定的服务标准，将短期效应和长远目标相结合，能起到事半功倍的效果。农业科技是农业第一生产力，现代农业离不开科技的支撑，科技信息传播及咨询服务是农业优质丰产的重要保障，是农户关注的重要方面。此外，如何通过互联网促进农产品信息传播和供求对接，以实现优质优价，扩大销路，更是农户极为关注的另一重要方面。因此，信息发布和咨询服务在上述方面显得极为重要，应当优先制定相关标准，在生产经营环节发挥重要支撑和保障作用。

3. 应主动适应"互联网＋农业"的发展浪潮

体系应充分考虑对信息化新技术新服务相关标准规范的容纳覆盖，以主动适应"互联网＋农业"的发展浪潮。在"互联网＋"战略的指引下，"互联网＋农业"必将对农业生产经营模式产生深远影响。这一过程中，新技术的深入应用及新媒体服务的不断涌现将成为主要特点。农业信息服务标准体系要始终具有全局指导作用，并保持较强的生命力，就必须充分考虑对信息化新技术新服务相关标准的容纳和覆盖，这样才能主动适应新形势，实现价值最大化。

第五章 农业信息服务标准体系框架建设实施建议

第一节 农业信息服务标准体系建设的阶段任务

农业信息服务标准体系建设是一个持续的过程，参照事物发展的总体规律，标准体系建设可分为起步期、发展期、快速增长期、成熟期和衰退期。以此推之，当前我国农业信息服务标准体系建设应当处于起步至发展期。本研究中标准体系框架只是对农业信息服务标准体系的总体组成和层次结构进行了初步探讨，它是标准体系的概括。建设系统全面的农业信息服务标准体系还有很多方面需要持续深入。考虑到标准制定、标准体系建设的特点，从其自身生命周期的角度，可将农业信息服务标准体系发展划分为六大阶段：体系规划阶段、体系研讨阶段、标准制定阶段、试用验证阶段、培训贯彻阶段、应用推广阶段。需要说明的是，以上6个阶段不是简单的顺序关系，而是迭代式的，不断地循环往复，持续完善。

一、体系规划阶段

把握体系规划是标准体系发展初期的首要任务，它决定了今后体系发展的方向，因此，标准体系规划阶段的特征主要是宏观的、战略性和方向性的。具体到具体工作任务方面，主要包括，对国际国内农业信息服务标准的现状、内容、趋势进行研究分析，并调研和分析农业信息服务相关的发展、现状、问题、需求和趋势，明确农业信息服务标准体系的建设背景和目标，不断围绕标准体系全领域开展宏观研究，提出和不断优化农业信息服务标准体系工作的目标，逐步进行规划落实。

鉴于规划阶段的宏观性特征，需要从全局出发进行安排，因而，在此阶段应当承担推进工作的主要责任机构是政府及行业标准主管部门。标准主管部门应当充分联合各级用户单位、各类农业企业和第三方机构，形成体系规划草案。

二、体系研讨阶段

标准体系研讨阶段的主要任务是，在基于标准体系框架的体系规划工作完成后，编写征求意见稿，面向农业科技生产、经营、管理和公共服务领域广泛征求意见，并对体系中的一些重要问题组织专题访谈和讨论。通过各种形式研讨认真收集和分析反馈，根据专家和一线人员意见对体系草案进行修改和完善。

此阶段中，承担推进工作的主要责任单位是体系研究单位、标准主管部门。参与研讨的专家及相关人士应当是农业信息服务领域专家、标准化研究专家，以及从事农业信息服务的一线工作人员。

三、标准制定阶段

标准体系建设的最终目的，就是通过体系的指引，促进具体标准的科学制定和体系的健康发展。具体标准的制定是其出发点和归宿。因此，农业信息服务标准体系建设在标准制定阶段的主要任务是，基于体系规划阶段确立的农业信息服务标准体系框架，指导落实组织制定具体的国家标准、农业信息服务行业标准、地方标准及企业标准。在标准制定阶段，应坚持基础标准先行，并进一步推进支撑行业应用类标准的制定。

此阶段承担推进工作的主要责任单位是由各级标准主管部门、相关政府部门、农业企业、科研机构等多家单位组成的标准工作组。农业信息服务标准工作组包括省市农业信息服务标准工作组和行业主管部门/行业标准化技术委员会设置的相关农业信息服务标准工作组两类。农业信息服务标准工作组遵循我国的标准化法及标准工作组管理要求，采取开放的方式开展工作。工作组的构成应以用户为主导，广泛协调"产、学、研、用"各方面力量参与和协作。

四、试用验证阶段

不同于具体标准的制定，标准体系建设在于其对某一领域所有标准构成的规划和预期，其统筹性、科学性、持续性是需要在实践中进行检验和验证的，因此，体系试用和验证是标准体系发展建设过程不可或缺的环节。在这一阶段，不仅要对具体的单个标准进行应用，更要从长远和发展的角度，结合实际需求，对标准体系的构成进行科学的审查，确定其科学合理性。并在此过程中，不断调整和优化建设目标，增补标准构成，确保体系健康发展。

在该阶段，农业信息服务标准体系建设的主要任务内容是，基于标准制定阶段的农业信息服务标准工作目标、内容及应用对象，结合标准研制实际进展和农业信息服务标准应用需求，开发相应的标准应用及验证工具，验证农业信息服务标准的适用性，并进一步推行与工程应用密切结合的标准试行方式。此阶段应当承担推进工作的主要责任单位是农业企业、用户单位、行业主管部门，其中行业管部门应提供农业信息服务标准的试用验证环境和手段，以支撑农业服务单位、组织、企业及用户开展相关农业信息服务标准的试用验证工作，并将试用的效果和建议反馈至标准制定组织及标准工作组，以修正和完善农业信息服务标准体系和相关农业信息服务标准的内容。

五、培训贯彻阶段

标准体系经过试用验证后，证明是科学合理的，即可按照标准体系的构成框架，进行标准制定的具体推进。为了使标准体系在行业内得到普遍认可和实施，需要对行业内相关标准制定的单位和实施部门进行培训，促进行业内专业人员掌握标准体系的框架，能够按照标准体系框架的安排，整体推进体系建设，促进体系的实践应用。

因此，在该阶段为了推进农业信息服务标准体系建设，在基于前期各阶段所规划的农业信息服务标准体系及所制定的各项具体标准的基础上，针对相关应用单位及个人，组织开展标准的宣传贯彻、培训工作。

此阶段应当承担推进工作的主要责任单位是农业企业和用户单位，相关农业信息服务标准化机构应提供培训所需的环境、教材，并将培训中的问题和建议反馈至负责农业信息服务标准体系规划和制定的部门或机构，以不断优化农业信息服务标准体系及相关标准。

六、应用推广阶段

标准体系建设的最终目的，就是为了应用，指导具体标准的制定。因此，必须对标准体系进行推广，促进其与实践的结合，体现其在标准制定方面的统筹作用。因此，体系应用推广阶段的主要任务是，建立标准符合性认证检测机制和标准实施机制，在农业信息服务相关产品研发及行业相关工程项目实施中全面应用标准，并根据实际应用情况不断完善农业信息服务标准体系及具体标准。

此阶段应当承担推进工作职责的主要责任单位是从事农业信息服务的农业企事业、行业用户单位，各省（市）农业信息服务相关标准工作组应提供农业信息服务标准实施所需的测试认证环境及标准咨询服务，以保障相关工程或产品的总体规划和实施，并将农业信息服务标准在实际应用中的情况反馈给体系规划阶段、标准制定阶段、试用验证阶段、培训贯彻阶段的各个负责机构，以不断完善农业信息化服务标准体系。

目前，农业信息服务标准体系建设在我国仍处于起步阶段，涉及的相关内容还在进行理论探讨之中，很多标准尚处于未制定、亟待制定的状态，标准体系亟待完善。因此，当前的主要任务是开展标准体系框架的理论研究，着手做好农业信息服务标准体系的规划和建设工作，这是一项长期的工程，需要从统筹、长期、持续、科学发展的角度出发，开展顶层设计，从而促进此项工作有计划、分步骤地实施。

第二节　农业信息服务标准体系建设的保障措施

为了确保农业信息服务标准体系发展完善，切实发挥对行业的指导作用，在实践过程中，必须将体系与当前我国农业现代化、农业信息化发展的实际相结合，通过实践推进并检验标准体系的科学性和实践性。当前我国正处于传统农业向现代农业发展转变的关键时期，农业信息化作为农业现代化发展的手段和途径，其发展方兴未艾。我们应当充分利用当前农业信息化发展的大好机遇，以标准化的发展方式，推进农业信息技术成果及配套服务在农业中的应用，全面提升农业现代化水平。

农业信息服务标准体系作为推进农业信息技术应用服务的基础性工作，对推进农业信息化整体进程意义重大。鉴于我国农业的基础地位和发展水平的限制，农业信息化建设任重道远。在此过程中，国家各级人民政府、农业职能部门以及农业信息化建设相关社会组织及广大农业企业应当积极行动起来，积极参与到相关工作中，共同推进该项工作的持续深入。

一、提高认识，加强领导，营造氛围

农业信息服务标准体系是引领农业信息技术成果应用转化的重要途径。各级政府、各有关部门应明确认识服务体系的建设阶段，从社会经济发展的战略高度来提高对农业信息服务标准化工作的认识，把其放在经济工作的突出位置。参与农业信息服务的农业科研部门、院所、企业和农户应主动将相关标准贯彻到农业信息服务活动过程中，促使全社会提高对农业信息服务标准化工作的重视。通过加强领导，提高认识，积极参与，形成良好的应用发展社会氛围。

各级政府、各有关部门要切实加强领导，促进该项工作的落实。各级质量技术监督、农业、林业等部门要分工负责、通力合作，在标准化建设过程中，把行政推动与专家指导结合起来，动员企业、科研单位、行业协会、检测机构等一起参与标准建设与应用工作，共同加强相关标准宣传和普及推广工作，形成一个良好的社会氛围。同时，及时追踪并努力吸纳国内外最新农业标准和技术法规，主动为农业管理部门、科研部门、企业和农户提供有关的农业标准和技术法规信息咨询和服务，促使形成全社会重视、推进农业信息服务标准化的良好局面。

二、加大投入，条件支撑，灵活推动

农业信息服务标准体系建设应用，具有社会公益性质，没有投资回报机制，不能体现市场经济利益原则，而且由于农业具有弱质性，农民处于弱势群体的地位，因此，需要政府加大对农业标准化工作的投资力度。充分的经费投入是标准体系建设的重要保证，更是切实推进农业信息服务标准化工作，促进农产品质量安全水平和市场竞争力提高的重要保证。

在农业信息服务标准化整体建设中，有些工作急需标准而实际上尚无国家标准和地方标准可循的情况会经常出现，在这种情况下，相关标准化主管部门可在广泛调查国际标准化发展现状与趋势的基础上，结合农业信息服务标准体系建设实际，按照"积极采用国际标准和国外先进标准"的原则先行安排所需标准的研制工作，并以"技术指导性文件"的形式积极推广。

三、规划建设，完善体系，推动应用

农业信息服务标准涉及农业从生产、加工到消费的多个环节，制定标准体系建设发展规划意义重大。标准体系建设需要分阶段、有计划地进行。对现有的相关标准要摸清家底，对发展迫切需要，但又没有现成标准的，应当尽快制定。标准的规划制定需要组织各专业、各产业的专家、学者组成农业信息服务标准化专家组，同时需要各级政府成立相应的标准化工作领导机构，共同指导推动标准体系建设持续探入。

标准的应用实施，是整个标准化活动中最重要的一环。它不仅决定着已有标准能否发挥其效能，而且还应当进行信息反馈，引领标准的制定和修订，保证标准和标准体系的持续改进，实现良性循环。针对目前普遍存在的重标准制定、轻推广实施的倾向，应着力抓好相关服务标准的实施应用。在基于我国的基本国情，即我国农业生产组织化程度低、农民文化水平低、农业市场化程度低的情况，因地制宜开展工作。

建立信息反馈机制，逐步完善标准体系。应坚持"从实践中来，到实践中去"和"标准与实践相结合"的原则，推进标准体系完善。农业信息服务标准体系的实用好坏、合理与否，应交给用户来判断，因此，应建立适当的标准反馈机制，鼓励用户根据实际应用情况向标准化行政主管部门提出意见和建议，确保体系充分反映用户的需求。标准体系构建工作阶段性完成后，编写标准体系草案征求意见稿，向各有关部门广泛征求意见，对反馈意见要认真收集整理，分析研究，并且对体系中一些重要问题组织专家进行专题讨论，形成标准体系修正稿，逐步完善，保障体系的顺利实施。

四、法律保障，培养人才，示范推进

制定农业信息服务相关法律法规，为体系建设应用提供良好社会环境。应进一步完善我国农业标准法律法规体系，以推动农业信息服务标准体系建设与应用发展。通过建立相关法律法规，做到有法可依、有法必依、严格执法，从而促进标准的应用。

加强标准制定人才队伍建设，促进标准体系实施。标准化技术人才建设是标准体系建设的重要组成部分，标准化技术人才是复合型人才，标准制定需要一批既了解农业信息服务情况，又掌握一定标准化知识的人员队伍。针对现在农业信息服务标准基础薄弱的状态，应该重视标准制定单位的队伍建设，应进一步加大并加强农业信息服务标准化技术人才建设培养力度，相应主管部门要为农村信息服务标准制定提供良好的人力资源环境条件。

　　针对具体的农业农村信息化重点项目，通过开展标准工作的试点示范工程，可极大的推动相关信息服务标准在项目上的应用。通过制定相应的标准带动制度，使项目建设完成之时，同样成为相应的标准发布实施之时，从而带动一大批相关标准的制定，并能对其他项目产生良好的辐射和示范作用，使标准体系建设和应用层层深入，第次推进。

五、加强交流，提升影响

　　标准体系国际化是发展大趋势。我国由于信息技术研究与应用起步较晚，目前在该领域还存在一定的差距。但在当前工业化、信息化、现代化发展的大背景下，信息技术应用创新的能力在不断提高，标准建设的需求增长迅速，并不断与国际接轨。下一步，应通过加强国际标准技术交流，参加国际农业信息标准化国际学术活动，积极参与国际标准的制定和修订，及时了解国际农业信息服务相关标准的走向和发展趋势，提高整体标准化水平，扩大我国在国际上的影响。

第六章 展 望

随着信息技术的深化应用，移动互联网深化发展，信息服务终端种类更多，应用更广，移动网络更加突出，大数据、云计算、物联网等新兴技术应用更加广泛，对其他领域的渗透更强，农业信息服务手段将更加智能化，也为农业信息服务标准体系建设带来了新的机遇。农业信息服务标准体系是农业社会化服务的重要组成部分，对加快农业现代化建设步伐具有重要意义。本研究虽然针对农业信息服务标准体系框架进行了探讨，但尚处于该领域研究的起步阶段，标准体系的建设发展还需长期深入：

一、农业信息服务标准体系建设任重道远

（一）移动应用相关标准亟待制定

随着移动互联网的发展，移动信息服务应用发展迅速，移动终端的种类和数量将继续快速增加，移动网络的传输速度更快，在农业、农村方面的应用将更加广泛，利用移动终端开展农业信息服务将具备广泛的应用前景。随着智能手机在全球尤其是发展中国家的持续普及，移动信息服务显然会逐渐渗透到大部分的农民手中。因此，基于移动终端的农业信息服务，会推动农业信息服务领域出现全新的服务模式。

相对于移动网络技术及应用产品的发展，该领域相关信息提供类的标准空白。虽然总体上农业信息分类、信息元等相关

标准已有研究和颁布，但是农业信息咨询、培训、信息化技术产品服务等标准规范，尤其是移动相关信息服务规范还极其缺乏，在后期工作中需要进一步深入研究。

（二）物联网信息服务催生新的标准需求

物联网是现代信息技术发展到一定阶段后出现的一种聚合性应用与技术提升，将各种感知技术、现代网络技术和人工智能与自动化技术聚合与集成应用，使人—物、物—物之间顺畅交流的场景成为现实。随着现代信息技术在农业中的应用进一步深入和精准农业的发展，农业物联网应用逐步从远程感知、远程分析走向远程管理。在此过程中，既需要从技术层面对物联网物理系统进行规范，又需要从应用程序层面对物联网应用管理进行规范，因此，物联网信息服务标准建设和发展也是今后需要重点关注的方向。

（三）大数据信息服务开拓标准需求新领域

通过对农业大数据的分析应用，可以为农业信息服务提供新方法、新思路。农业大数据涉及耕地、育种、播种、施肥、植保、收获、储运、农产品加工、销售、畜牧业生产等各环节，是跨行业、跨专业的数据分析与挖掘，农业信息服务为大数据应用提供了新空间。同时，农业信息服务过程中，主体和用户行为本身又会产生大数据，这些数据的分析应用，对进一步提高信息服务的精准度，提升服务成效具有积极作用。在此过程中，如何利用各种技术手段和管理手段，科学、正确、精准地开展大数据分析，需要各种标准进行规范和约束，这就要求与农业信息服务相关的各个领域进行通力合作，构建跨行业、跨专业的数据分析与挖掘相关标准，才能使农业大数据从理论走向实践。

二、农业信息服务标准体系框架实践应用需切实推进

针对农业信息服务发展需求，制定符合实际需求的农业信息服务标准，建立一套科学合理、层次清晰、协调配套的服务标准体系，是农业信息服务健康发展的必然要求。随着标准体系的不断完善，该领域的标准将越来越多，将显著促进农业信息服务沿着规范化、标准化道路健康发展。

标准体系框架是指导标准体系建设的规划和框架基础，实践上应从以下3方面进行应用推进：一是加强资源分类标准的研究制定，为信息服务集聚资源基础。资源是信息服务的基础，只有资源足够丰富，才能为服务提供保障。资源相关标准建设是农业信息服务标准体系建设的基础，资源分类的科学与否直接决定资源标准化的方向，因此，加强资源分类标准的研究制订，是农业信息服务标准体系建设的重中之重。二是加强应用系统标准的研究制定，探索新的信息服务途径和方法。现代农业信息服务的基本特征之一，就是依托了现代信息技术的应用，因此，信息技术应用系统标准的研究制订，是农业信息服务标准体系健康发展的重要保障。三是加强标准体系应用的模式研究，探索完善标准体系应用的长效机制。针对实践需求的不同，探索不同的标准体系应用模式，不仅可以使标准体系更快地转化应用，而且可以反向促进标准体系的自身完善和发展。

近年来在国家及中央各部委的重视下，农业信息相关技术应用和服务发展步伐较快，对农业产业的影响也日益加剧。农业信息服务标准体系需要站在发展的最前沿，以适度超前的姿态引领行业发展。因此，需要不断对标准体系进行修正和升级，加强体系的动态跟踪和维护，不断丰富内容，提高实用性，强化体系的指导作用，保持其应用生命力。

附件1 农业信息服务标准体系框架明细表

农业信息服务标准体系框架明细表

农业信息服务标准体系框架明细表

体系编号	标准编号	标准名称	标准级别	备注
1	通用基础标准			
1.1	服务指南			
		农业信息服务指南		待编
1.2	服务术语			
		农业信息服务基本术语		待编
1.3	服务标志			
	GB/T 10001.1—2001	标志用公共信息图形符号 第1部分：通用符号	国家标准	
		农业信息服务图形标志		待编
		农业信息服务标志使用规范		待编
2	服务保障标准			
2.1	基础设施设备			
2.1.1	信息服务场所标准			
	YD 5037—1997	中国公用计算机互联网工程设计暂行规定	行业标准	
	GB/T 2887—2000	电子计算机场地通用规范	国家标准	

体系编号	标准编号	标准名称	标准级别	备注
	GB 50174—1993	电子计算机机房设计规范	国家标准	
	GB 50342—2003	混凝土电视塔结构技术规范	国家标准	
	SJ/T 30003—1993	电子计算机机房施工及验收规范	行业标准	
	GB/T 19668.1—2005	信息化工程监理规范 第1部分：总则	国家标准	
	GB/T 19668.2—2007	信息化工程监理规范 第2部分：通用布缆系统工程监理规范等信息化工程监理规范	国家标准	
2.1.2	信息网络设施标准			
	GB/T 12563—1990	国内卫星通信地球站地面接口要求	国家标准	
	GB/T 14381—1993	程控数字用户自动电话交换局通用技术条件	国家标准	
	GB/T 12192—1990	移动通信调频无线电话发射机测量方法	国家标准	
	GB/T 144401—1993	公用陆地移动通信网（450MHz频段）中移动台—基站—移动电话交换局之间的信令	国家标准	
	YD/T 1570—2007	2GHz cdma2000 数字蜂窝移动通信网技术要求：移动应用部分（MAP）	行业标准	
	YD/T 1261—2003	900/1800MHz TDMA 数字蜂窝移动通信网 CAMEL 应用部分（CAP）技术要求（CAMEL3）	行业标准	
	YD/T 1492—2006	数字蜂窝移动通信网无线应用协议（WAP）终端技术要求	行业标准	

体系编号	标准编号	标准名称	标准级别	备注
	YD/T 1493—2006	数字蜂窝移动通信网无线应用协议（WAP）终端测试方法	行业标准	
	GB/T 21671—2008	基于以太网技术的局域网系统验收测评规范	国家标准	
	GB/Z 19717—2005	基于多用途互联网邮件扩展（MIME）的安全报文交换	国家标准	
	YD/T 1661—2007	基于互联网服务（Web Service）的开放业务接入应用程序接口（Parlay X）技术要求	行业标准	
	GB/T 11598—1999	提供数据传输业务的公用网之间的分组交换信令系统	国家标准	
	DB41/T 399—2005	局域网系统检测规范	地方标准	
	DIN ISO/IEC 8881—1996	数据通信．在局域和城域网中 X.25 报文分组交换协议的使用	行业标准	
	GB/T 16646—1996	信息技术 开放系统互连 局域网 媒体访问控制（MAC）服务定义	国家标准	
	GB/T 17881—1999	广播电视光缆干线同步数字体系（SDH）传输接口技术规范	国家标准	
	GB 12365—1990	广播电视短程光缆传输技术参数	国家标准	
	GB/T 17700—1999	卫星数字电视广播信道编码和调制标准	国家标准	
	GB 20600—2006	数字电视地面广播传输系统帧结构、信道编码和调制	国家标准	

体系编号	标准编号	标准名称	标准级别	备注
	GB/Z 19871—2005	数字电视广播接收机电磁兼容性能要求和测量方法	国家标准	
	DB 31/T 370. 1—2006	宽带接入工程系列标准 第1部分：基于 FTTB + LAN 方式的接入工程设计规范	地方标准	
	DB 31/T 370. 2—2006	宽带接入工程系列标准 第2部分：无线局域网工程旌工及验收测试规范	地方标准	
	DB 31/T 370. 3—2006	宽带接入工程系列标准 第3部分：基于 t] FC 的有线电视宽带接入网设计及施工规范	地方标准	
	DB31/T 370. 2—2006	宽带接入工程系列标准 第2部分：无线局域网工程施工及验收测试规范	地方标准	
	YD/T 5181—2009	宽带 IP 城域网工程验收暂行规定	行业标准	
	YD/T 1668—2007	STM—64 光缆线路系统技术要求	行业标准	
2. 1. 3	信息设备标准			
	GOST 19542—1993	计算机设备的电磁兼容性 术语和定义	国家标准	
	YD/T 2365—2011	手机阅读业务 终端技术要求和测试方法	行业标准	
	SCFW/D03 022—2003	电脑设备的使用标准	行业标准	
	YD/T 1390—2005	基于软交换的应用服务器设备技术要求	行业标准	
	YD/T 1914—2009	基于软交换的应用服务器设备安全技术要求和测试方法	行业标准	

体系编号	标准编号	标准名称	标准级别	备注
	YD/T 1912—2009	基于软交换的媒体服务器设备安全技术要求和测试方法	行业标准	
	GB/T 10239—2003	彩色电视广播接收机通用规范	国家标准	
	YD/T 1817—2008	通信设备用直流远供电源系统	行业标准	
	GB 9254—1998	信息技术设备的无线电骚扰限值和测量方法	国家标准	
	YD/T 1890—2009	信息终端设备信息无障碍 辅助技术的要求和评测方法	行业标准	
	SJ/T 11298—2003	数字投影机通用规范	行业标准	
	YD 5081—1999	光缆通信干线工程数字交叉连接设备技术规范	行业标准	
	GB/T 21545—2008	通信设备过电压过电流保护导则	国家标准	
	YD/T 1643—2007	无线通信设备与助听器的兼容性要求和测试方法	行业标准	
2.2	信息资源			
2.2.1	农业资源环境信息标准			
	GB/T 19710—2005	地理信息 元数据	国家标准	
	GB/Z 24357—2009	地理信息．元数据．XML 模式实现	国家标准	
	GB/T 20258.1—2007	基础地理信息要素数据字典第 1 部分：1∶500 1∶1 000 1∶2 000 基础地理信息要素数据字典	国家标准	

续表

体系编号	标准编号	标准名称	标准级别	备注
	GB/T 20258.2—2006	基础地理信息要素数据字典 第2部分：1:5 000 1:10 000 基础地理信息要素数据字典	国家标准	
	GB/T 20258.3—2006	基础地理信息要素数据字典 第3部分：1:25 000 1:50 000 1:100 000 基础地理信息要素数据字典	国家标准	
	GB/T 20258.4—2007	基础地理信息要素数据字典 第4部分：1:250 000 1:500 000 1:1 000 000 基础地理信息要素数据字典	国家标准	
	SL 420—2007	水利地理空间信息元数据标准	行业标准	
	ISO 19115—2003	地理信息．元数据	国际标准	
	QX/T 39—2005	气象数据集核心元数据	行业标准	
	QX/T 21—2004	农业气象观测记录年报数据文件格式	行业标准	
	SL 473—2010	水利信息核心元数据	行业标准	
	SL 420—2007	水利地理空间信息元数据标准	行业标准	
	DB 11/T 247—2004	地下水数据库表结构	地方标准	
	DB 11/T 248—2004	水质数据库表结构	地方标准	
	GB/T 12460—2006	海洋数据应用记录格式	国家标准	
	HY/T 136—2010	海洋信息元数据	行业标准	

体系编号	标准编号	标准名称	标准级别	备注
	NY/T1171—2006	草业资源信息元数据	行业标准	
	GB/T 24874—2010	草地资源空间信息共享数据规范	国家标准	
	GB/T 26237.1—2010	信息技术 生物特征识别数据交换格式 第1部分：框架	国家标准	
	GB/T 26237.2—2011	信息技术 生物特征识别数据交换格式 第2部分：指纹细节点数据	国家标准	
	GB/T 26237.3—2011	信息技术 生物特征识别数据交换格式 第3部分：指纹型谱数据	国家标准	
	LY/T 1662.1—2008	数字林业标准与规范 第1部分：森林资源非空间数据标准	行业标准	
	LY/T 1662.2—2008	数字林业标准与规范 第2部分：林业数字矢量基础地理数据标准	行业标准	
	LY/T 1662.3—2008	数字林业标准与规范 第3部分：卫星遥感影像数据标准	行业标准	
	LY/T 1662.4—2008	数字林业标准与规范 第4部分：林业社会经济数据标准	行业标准	
	LY/T 1662.5—2008	数字林业标准与规范 第5部分：林业政策法规数据标准	行业标准	
	LY/T 1662.6—2008	数字林业标准与规范 第6部分：林业文献资料数据标准	行业标准	
	LY/T 1662.7—2008	数字林业标准与规范 第7部分：数据库建库标准	行业标准	
	LY/T 1662.8—2008	数字林业标准与规范 第8部分：数据库软件规范	行业标准	

体系编号	标准编号	标准名称	标准级别	备注
	LY/T 1662.9—2008	数字林业标准与规范 第9部分：数据库管理规范	行业标准	
	LY/T 1662.10—2008	数字林业标准与规范 第10部分：元数据标准	行业标准	
	LY/T 1662.11—2008	数字林业标准与规范 第11部分：退耕还林工程数据标准	行业标准	
	LY/T 1872—2010	森林生态系统定位研究站数据管理规范	行业标准	
	GB/T 19231—2003	土地基本术语	国家标准	
	GB/T 17694—2009	地理信息 术语	国家标准	
	GB/T 24354—2009	公共地理信息通用地图符号	国家标准	
	GB/T 23708—2009	地理信息 地理标记语言（GML）	国家标准	
	GB/T 26767—2011	道路、水路货物运输地理信息基础数据元	国家标准	
	GB/T 17694—1999	地理信息技术基本术语	国家标准	
	GB/T 6274—1997	肥料和土壤调理剂 术语	国家标准	
	GB/T 18834—2002	土壤质量 词汇	国家标准	
	ISO 11074—2005	土壤质量 词汇	国际标准	
	GB/T 27961—2011	气象服务分类术语	国家标准	

续表

体系编号	标准编号	标准名称	标准级别	备注
	GB/T 22164—2008	公共气象服务 天气图形符号	国家标准	
	DB 51/T 581—2006	农业气象术语	地方标准	
	DB 51/T 582—2006	气候术语	地方标准	
	GB/T 14538—1993	综合水文地质图图例及色标	国家标准	
	GB/T 14157—1993	水文地质术语	国家标准	
	GB 5084—2005	农田灌溉水质标准	国家标准	
	GB 20922—2007	城市污水再生利用 农田灌溉用水水质	国家标准	
	GB/T 19834—2005	海洋学术语 海洋资源学	国家标准	
	GB/T 15918—2010	海洋学综合术语	国家标准	
	GB/T 15919—2010	海洋学术语 海洋生物学	国家标准	
	GB/T 15920—2010	海洋学术语 物理海洋学	国家标准	
	GB/T 15921—2010	海洋学术语 海洋化学	国家标准	
	HY/T 131—2010	海洋信息化常用术语	行业标准	
	HY/T 045—1999	海洋能源术语	行业标准	
	GB/T 26238—2010	信息技术 生物特征识别术语	国家标准	

体系编号	标准编号	标准名称	标准级别	备注
	GB/T 26423—2010	森林资源术语	国家标准	
	LY/T 1821—2009	林业地图图式	行业标准	
	LY/T 1725—2008	自然保护区土地覆被类型划分	行业标准	
	GB/T 21010—2007	土地利用现状分类	国家标准	
	GB/T 25529—2010	地理信息分类与编码规则	国家标准	
	GB/T 13923—2006	基础地理信息要素分类与代码	国家标准	
	GB/T 17296—2009	中国土壤分类与代码	国家标准	
	GBJ 145—1990	土的分类标准	国家标准	
	ISO 7851—1983	肥料和土壤调理剂 分类 3 种语言版	国际标准	
	QX/T 46—2007	气象资料分类与编码	行业标准	
	GB/T 21986—2008	农业气候影响评价：农作物气候年型划分方法	国家标准	
	GB/T 17297—1998	中国气候区划名称与代码 气候带和气候大区	国家标准	
	GB/T 15218—1994	地下水资源分类分级标准	国家标准	
	GB/T 14848—1993	地下水质量标准	国家标准	
	SL 249—1999	中国河流名称代码	行业标准	
	SL 259—2000	中国水库名称代码	行业标准	
	SL 330—2011	水情信息编码	行业标准	

体系编号	标准编号	标准名称	标准级别	备注
	GB/T 12462—1990	世界海洋名称代码	国家标准	
	GB/T 17504—1998	海洋自然保护区类型与级别划分原则	国家标准	
	GB/T 20794—2006	海洋及相关产业分类	国家标准	
	HY/T 075—2005	海洋信息分类与代码	行业标准	
	HY/T 117—2010	海洋特别保护区分类分级标准	行业标准	
	HY/T 130—2010	海洋高技术产业分类	行业标准	
	HY 032—1994	海洋科学文献分类法	行业标准	
	GB/T 14721—2010	林业资源分类与代码 森林类型	国家标准	
	GB/T 15161—1994	林业资源分类与代码 林木病害	国家标准	
	GB/T 15778—1995	林业资源分类与代码 自然保护区	国家标准	
	LY/T 1812—2009	林地分类	行业标准	
	LY/T 2012—2012	林种分类	行业标准	
	LY/T 1119—1993	林业资源分类与代码 国有林场名称和代码	行业标准	
	LY/T 1080—1992	林业档案分类与代码	行业标准	
	LY/T 1194—1996	林业资源分类与代码陆栖野生脊椎动物	行业标准	

体系编号	标准编号	标准名称	标准级别	备注
	LY/T 1438—1999	森林资源代码. 森林调查	行业标准	
	LY/T 1439—1999	森林资源代码. 树种	行业标准	
	LY/T 1440—1999	森林资源代码. 林业行政区划	行业标准	
	LY/T 1441—1999	森林资源代码. 林业区划	行业标准	
2.2.2	农业社会经济信息标准			
	DB11/T 241.1—2004	市民基础信息数据交换规范 第1部分：信息结构	地方标注	
	DB11/T 241.2—2004	市民基础信息数据交换规范 第2部分：交换协议	地方标注	
	DB11/T 240—2004	市民基础信息数据元素目录规范	地方标注	
	DB11/T 699.1—2010	农村基础信息数据元 第1部分：总体框架	地方标注	
	DB11/T 699.2—2010	农村基础信息数据元 第2部分：个人基础信息	地方标注	
	DB11/T 699.3—2010	农村基础信息数据元 第3部分：组织基础信息	地方标注	
	DB11/T 699.4—2010	农村基础信息数据元 第4部分：社会基础信息	地方标注	
	DB11/T 699.6—2010	农村基础信息数据元 第6部分：自然资源基础信息	地方标注	
	DB11/T 699.5—2010	农村基础信息数据元 第5部分：经济基础信息	地方标注	
	GB/T 24450—2009	社会经济目标分类与代码	国家标准	

体系编号	标准编号	标准名称	标准级别	备注
	LS/T 1708.2—2004	粮食信息分类与编码 粮食加工 第2部分：技术经济指标分类与代码	行业标注	
	LS/T 1700—2004	粮食信息分类与编码 粮食行政、事业机构及社会团体分类与代码	行业标注	
	GB/T 12402—2000	经济类型分类与代码	国家标准	
	GB/T 4754—2011	国民经济行业分类	国家标准	
	DB11/T 124—2007	社会保障信息系统指标体系代码与数据结构	地方标注	
	DB11/T 492—2007	新型农村合作医疗信息 指标代码与数据结构	地方标注	
	DB11/T 320—2005	公共卫生信息系统指标代码体系与数据结构	地方标注	
2.2.3	农业生产技术信息标准			
	GB/T 16620—1996	林木育种及种子管理术语	国家标准	
	GB/T 20014.1—2005	良好农业规范 第1部分：术语	国家标准	
	NY/T 1294—2007	禾谷类杂粮作物分类与术语	地方标注	
	GB/T 25171—2010	畜禽养殖废弃物管理术语	国家标准	
	GB/T 22213—2008	水产养殖术语	国家标准	
	DB11/T 098.1—1998	北京白鸡配套系父母代种鸡工厂化饲养 术语	地方标准	

体系编号	标准编号	标准名称	标准级别	备注
	DB 44/T 344—2006	种养业信息分类与代码	地方标准	
	NY/T 1294—2007	禾谷类杂粮作物分类与术语	行业标准	
	LS/T 1709—2004	粮食信息分类与编码 储粮病虫害分类与代码	行业标准	
	DB 44/T 344—2006	种养业信息分类与代码	地方标准	
2.2.4	农产品信息资源标准			
	GB/T 25698—2010	饲料加工工艺术语	国家标准	
	GB/T 14095—2007	农产品干燥技术 术语	国家标准	
	SC/T 3012—2002	水产品加工术语	行业标准	
	GB/T 20573—2006	蜜蜂产品术语	国家标准	
	DB44/ 432—2007	食用农产品标志	行业标准	
	ISO 5492—2008	干果和果干 定义和术语 3 种语言版	国际标准	
	ISO 5526—1986	谷物、豆类和其他食用谷类 术语 3 种语言版	国际标准	
	ISO 5527—1986	谷物 词汇 两种语言版	国际标准	
	ISO 6078—1982	红茶 词汇 两种语言版	国际标准	
	ISO 7563—1998	新鲜水果和蔬菜 词汇 两种语言版	国际标准	
	SB/T 10621—2011	超市鲜活农产品供应商评价指标体系	行业标准	

体系编号	标准编号	标准名称	标准级别	备注
	NY/T 1430—2007	农产品产地编码规则	行业标准	
	NY/T 1431—2007	农产品追溯编码导则	行业标准	
	GB/T 18127—2009	商品条码 物流单元编码与条码表示	国家标准	
	GB/T 24358—2009	物流中心分类与基本要求	国家标准	
	GB/T 27923—2011	物流作业货物分类和代码	国家标准	
	GB/T 28577—2012	冷链物流分类与基本要求	国家标准	
	GB/T 26820—2011	物流服务分类与编码	国家标准	
	GB/T 19680—2005	物流企业分类与评估指标	国家标准	
	GB/T 21334—2008	物流园区分类与基本要求	国家标准	
	GB/T 23831—2009	物流信息分类与代码	国家标准	
	LS/T 1703—2004	粮食信息分类与编码 粮食及加工产品分类与代码	行业标准	
	LS/T 1708.1—2004	粮食信息分类与编码 粮食加工 第1部分：加工作业分类与代码	行业标准	
	LS/T 1708.2—2004	粮食信息分类与编码 粮食加工 第2部分：技术经济指标分类与代码	行业标准	
	NY/T 2137—2012	农产品市场信息分类与计算机编码	行业标准	

体系编号	标准编号	标准名称	标准级别	备注
2.2.5	农业工程技术信息标准			
	GB/T 21963—2008	农业机械维修术语	国家标准	
	GB/T 4268.1—1984	农业机械图形符号	国家标准	
	GB/T 12994—2008	种子加工机械 术语	国家标准	
	GB/T 20085—2006	植物保护机械 词汇	国家标准	
	LY/T 1570—1999	动力草坪和园林机械 控制符号及安全标志	行业标准	
	GB 10396—2006	农林拖拉机和机械、草坪和园艺动力机械 安全标志和危险图形 总则	国家标准	
	GB/T 24670—2009	节水灌溉设备 词汇	国家标准	
	GB/T 24671—2009	农业灌溉设备 承压灌溉系统图形符号	国家标准	
2.2.6	农业科学数据资源标准			
	GB/T 20533—2006	生态科学数据元数据	国家标准	
	GB/T 12460—2006	海洋数据应用记录格式	国家标准	
	GB/T 26499.3—2011	机械 科学数据 第3部分：元数据	国家标准	
	GB/T 26499.4—2011	机械 科学数据 第4部分：交换格式	国家标准	

体系编号	标准编号	标准名称	标准级别	备注
	DB11/T 836—2011	农业信息资源数据集核心元数据	地方标准	
	GB/T 26816—2011	信息资源核心元数据	国家标准	
	GB/T 26499.2—2011	机械 科学数据 第2部分：数据元目录	国家标准	
	GB/T 26499.1—2011	机械 科学数据 第1部分：分级分类方法	国家标准	
2.3	系统平台标准			
2.3.1	生产信息化系统平台标准			
	TD/T1019—2009	基本农田数据库标准	行业标准	
	DB43/T 398—2008	1：500、1：1 000、1：2 000基础地理信息采集规范	地方标注	
	GB/T24689.6—2009	植物保护机械农林小气候信息采集系统	国家标准	
	DB34/T 1640—2012	农产品追溯信息采集规范 粮食	地方标注	
	DB13/T 1159—2009	果品质量安全追溯 产地编码技术规范	地方标注	
	DB12/T 401—2008	药用植物产地追溯 信息编码和标志规范	地方标注	
	DB13/T 1159—2009	果品质量安全追溯 产地编码技术规范	地方标注	
2.3.2	经营信息化系统平台标准			
	GB/T 23346—2009	食品良好流通规范	国家标准	

体系编号	标准编号	标准名称	标准级别	备注
	SB/T 10684—2012	肉类蔬菜流通追溯体系信息处理技术要求	行业标准	
	SB/T 10683—2012	肉类蔬菜流通追溯体系管理平台技术要求	行业标准	
	SB/T 10698—2012	库存积压商品流通技术规范通则	行业标准	
	SB/T 10682—2012	肉类蔬菜流通追溯体系信息感知技术要求	行业标准	
	GB/T 28640—2012	畜禽肉冷链运输管理技术规范	国家标准	
	GB/T 20799—2006	鲜、冻肉运输条件	国家标准	
	DB13/T 1177—2010	食品冷链物流技术与管理规范	地方标准	
	GB/T 24661.3—2009	第三方电子商务服务平台服务及服务等级划分规范 第3部分：现代物流服务平台	国家标准	
	GB/T 17629—2010	国际贸易用电子数据交换协议样本	国家标准	
2.3.3	管理信息化系统平台标准			
	GB/T 30850.1—2014	电子政务标准化指南 第1部分：总则		
	GB/T 30850.5—2014	电子政务标准化指南 第5部分：支撑技术		
	GB/T 21061—2007	国家电子政务网络技术和运行管理规范		
	GB/T 21064—2007	电子政务系统总体设计要求		

体系编号	标准编号	标准名称	标准级别	备注
	GB/T 19487—2004	电子政务业务流程设计方法通用规范		
	GA 99.1—2000	边防管理边境地区渔（船）民、船只信息代码 第1部分：船舶来靠原因代码	行业标准	
	GA 99.2—2000	边防管理边境地区渔（船）民、船只信息代码 第2部分：台湾船只停泊点、避风点代码编制原则	行业标准	
	GA 99.3—2000	边防管理边境地区渔（船）民、船只信息代码 第3部分：台轮船舶港籍代码	行业标准	
	GA 99.4—2000	边防管理边境地区渔（船）民、船只信息代码 第4部分：渔船作业方式代码	行业标准	
	GA 99.5—2000	边防管理边境地区渔（船）民、船只信息代码 第5部分：渔船民婚姻状况代码	行业标准	
	GA 99.6—2000	边防管理边境地区渔（船）民、船只信息代码 第6部分：渔船民称谓代码	行业标准	
	GA 99.7—2000	边防管理边境地区渔（船）民、船只信息代码 第7部分：船籍港代码编制原则	行业标准	
	GA 99.8—2000	边防管理边境地区渔（船）民、船只信息代码 第8部分：船舶（民）管理事件、案件类型代码	行业标准	
2.3.4	服务信息化系统平台标准			

体系编号	标准编号	标准名称	标准级别	备注
	MZ/T 053—2014	社区公共服务综合信息平台基本规范	行业标准	
	CJ/T 426—2013	风景名胜区公共服务 自助游信息服务	行业标准	
	DB32/T 2290—2013	江苏省农村综合信息服务平台建设通则	地方标准	
2.4		服务人员标准		
2.4.1		管理机构人员标准		
		农业信息服务管理机构人员任职基本要求		待编
		农业信息服务管理机构人员激励考核管理规则		待编
2.4.2		技术服务人员标准		
		农业生产技术服务人员任职基本要求		待编
		农业生产技术服务人员激励考核管理规则		待编
2.4.3		经营服务人员标准		
		农业经营服务人员任职基本要求		待编
		农业经营服务人员激励考核管理规则		待编
2.4.4		农业信息技术支持人员标准		
		农业信息技术支持人员基本要求		待编

体系编号	标准编号	标准名称	标准级别	备注
		农业信息技术支持人员激励考核管理规则		待编
2.5	机构组织标准			
2.5.1	政府型服务组织标准			
		公益型农业信息服务组织认定标准		待编
		公益型农业信息服务组织运行管理规范		待编
2.5.2	科教型服务组织标准			
		科教农业信息服务组织认定标准		待编
		科教农业信息服务组织运行管理规范		待编
2.5.3	企业型服务组织标准			
		企业农业信息服务组织认定标准		待编
		企业农业信息服务组织运行管理规范		待编
2.5.4	自发型服务组织标准			
		农民专业合作组织（协会）运行管理规范		待编
2.6	安全应急标准			
2.6.1	信息安全基本要求			
	GB/T 22240—2008	信息安全技术 信息系统安全等级保护定级指南	国家标准	

131

体系编号	标准编号	标准名称	标准级别	备注
	GB/T 22239—2008	信息安全技术 信息系统安全等级保护基本要求	国家标准	
2.6.2	信息安全技术标准			
	GB/T 201052—2007	信息安全技术 信息系统物理安全技术要求	国家标准	
	GB/T 20270—2006	信息安全技术 网络基础安全技术要求	国家标准	
	GB/T 21028—2007	信息安全技术 服务器安全技术要求	国家标准	
2.6.3	信息安全管理标准			
	GB/T 22080—2008	信息技术 安全技术 信息安全管理体系要求	国家标准	
	GB/T 19715.2—2005	信息技术 信息技术安全管理指南 第2部分：管理和规划信息技术安全	国家标准	
	GB/T 22081—2008	信息技术 安全技术 信息安全管理实用规则	国家标准	
	GB/T 20269—2006	信息安全技术 信息系统安全管理要求	国家标准	
	GB/T 20282—2006	信息安全技术 信息系统安全工程管理要求	国家标准	
	GB/T 20984—2007	信息安全技术 信息安全风险评估规范	国家标准	
3	服务提供标准			
3.1	农业信息发布服务			
3.1.1	农业资讯类信息发布服务			

体系编号	标准编号	标准名称	标准级别	备注
	GB/T 20092—2013	中文新闻信息置标语言	国家标准	
	GB/T 20093—2013	中文新闻信息分类与代码	国家标准	
		农业资讯类信息发布服务规范		待编
3.1.2	农业科技类信息发布服务			
		农业科技类信息发布服务规范		待编
3.1.3	农业市场类信息发布服务			
		农业市场类信息发布服务规范		待编
3.2	农业信息咨询服务			
		农业信息咨询服务提供规范		待编
3.2.1	电话类咨询服务			
	DB21/T 2231—2014	热线电话服务质量规范		
3.2.2	网站类咨询服务			
	GB/T 29799—2013	网页内容可访问性指南	国家标准	
		农业网站咨询服务质量要求		待编
3.2.3	短消息类咨询服务			
	QX/T 147—2011	基于手机客户端的气象灾害预警信息播发规范	行业标准	

体系编号	标准编号	标准名称	标准级别	备注
	YD/T 2539—2013	点对点网间短消息服务质量补充要求和测试方法	行业标准	
3.2.4	邮件类咨询服务			
3.2.5	现场咨询服务			
3.3	农民教育培训服务			
3.3.1	远程培训服务			
		农民远程教育培训服务规范		待编
3.3.2	现场培训服务			
		农业专家现场培训服务规范		待编
3.4	农业信息技术产品服务			
3.4.1	农业信息技术服务			
	NY/T 653—2002	农业电子信息产品通用技术条件 农业应用软件产品	行业标准	
3.4.2	农业信息产品服务			
	SJ/T 11320—2006	电子信息产品交易市场资质规范	行业标准	

农业信息咨询服务提供规范

版本号 1.0

北京市农林科学院农业科技信息研究所
北京市农业科技信息咨询服务中心

著作权声明

"农业信息咨询服务提供规范"是北京市农林科学院农业科技信息研究所在多年农业信息咨询服务实践探索的基础上进行研究提出。鼓励其他单位、个人使用本标准，但需在北京市农林科学院农业科技信息研究所备案后方可使用，同时须在使用处明确注明"依据北京市农林科学院农业科技信息研究所'农业信息咨询服务提供规范'"，或者"参考北京市农林科学院农业科技信息研究所'农业信息咨询服务提供规范'"等字样。否则，著作权人保留追究其相关法律责任的权利。

本标准的解释、完善和版本升级等工作由北京市农林科学院农业科技信息研究所来完成。

联系方式

单位名称：北京市农林科学院农业科技信息研究所

地　　址：北京市海淀区板井曙光花园中路 9 号农科院信息所

邮　　编：100097

电　　话：（010）51503387

传　　真：（010）51503304

邮　　箱：luochangshou@163.com

前　言

本标准由北京市农林科学院提出。

本标准起草单位：北京市农林科学院农业科技信息研究所。

本标准由北京市质量技术监督局负责解释。

1 范围

本标准规定了农业科技信息服务提供的服务场所、服务设施、服务设备、服务资源、服务人员、服务管理制度的基本要求，以及服务提供流程的操作规范。

本标准适用于各级农业职能部门、科研院所、经营性组织及公益性服务站点以交互方式提供的农业科技信息服务。

2 规范性引用文件

下列文件对于本文件的应用是必不可少的。凡是注日期的引用文件，仅所注日期的版本适用于本文件。凡是不注日期的引用文件，其最新版本（包括所有的修改单）适用于本文件。

GB/T 10001.1—2012 公共信息图形符号 第1部分：通用符号

GB 50763—2012 无障碍设计规范

3 术语和定义

下列术语和定义适用于本文件。

3.1 信息服务

信息提供者根据用户需求，运用科学的方法和有效的手段，将有价值的信息传递给用户的活动。

3.2 农业科技信息

由农业科技活动产生，可以传递、传播、共享、利用的信息集合。

3.3 农业科技信息服务

信息提供者以涉农用户的信息需求为中心，运用科学的方法和有效的手段，为其提供农业产前、产中、产后各类有价值农业科技知识技术信息的活动。

4 服务场所

4.1 服务场所的选址应交通便利，方便到达，优先考虑服务对象核心聚集地。

4.2 符合城市规划、国土、市政、交通、环保和消防等管理要求和规范。

5 服务设施

5.1 可为独立的建筑物或建筑单元，也可附属于其它建筑之内。

5.2 建筑功能布局应遵循以服务对象为中心，与服务管理及服务手段相适应的原则，做到分区明确、布局合理、区域畅通、安全节能、整洁卫生、通风良好。

5.3 在正门或墙壁灯醒目位置处应具有统一标识。场所内公共标志的设置，按照 GB/T 10001.1—2012 的规定，做到图形符号字样端正，清楚醒目，与整体环境相协调。凡使用文字标志的，应用规范汉字，必要时使用中英文对照，译文准确。定期检查维护，做到图形符号清晰完整。

5.4 应设置残疾人轮椅坡道，其设计应符合 GB 50763—2012 的规定。

6 服务设备

6.1 现场服务

6.1.1 应配备电脑、电话、打印机等办公设备，并提供必要的网络连接。

6.1.2 可配备供服务对象免费查询的信息设备，如触摸屏电脑、自助查询电脑、公用电话等设备。

6.1.4 可配备无线网络接入设备，供用户智能手机及笔记本电脑无线接入。

6.1.5 可选择配备展示播放设备，如展示台架、电子显示屏等公众宣传服务设备。

6.2 热线服务

6.2.1 应具备热线接入网络电话。

6.2.2 应具备坐席语音耳机。

6.2.3 应具备可进行热线应答信息查询的坐席计算机。

6.2.4 应具备语音工控机及语音板卡，支持来电调度控制。

6.3 短信服务

应具备农业科技短信信息库以及提供短信订阅、查询、退订等功能处理的服务器。

6.4 网络服务

应具备农业科技信息相关数据库以及提供网络农业科技信息服务功能处理的服务器。

7 服务资源

7.1 知识正确性

信息内容所含数据科学，事实真实，知识阐述表达正确。

7.2 来源可靠性

信息提供者应具备专业知识，信息来源渠道正规可靠。

7.3 内容完整性

从广度和深度两个维度全面阐述主题，表达完整。

7.4 信息时效性

信息内容应在指定时间区间内有效。

7.5 字符编码标准化

文本信息中的汉字采用 GB 码统一编码和存储，英文字母和符号使用 ASCII 编码和存储。涉及信息对象中数学符号和公式、化学符号、地理坐标等，应参照相关标准。

7.6 术语标准化

参照国家行业标准中的术语部分，规范化表达信息中的农业术语，最大程度地消除一名多物，一物多名等混乱现象，保证其能得到准确、通畅的语义交流。

8 服务人员

8.1 应具有服务"三农"的意愿，能认真履行岗位职责，积极开展各项工作。

8.2 挂牌上岗，使用文明用语，能热忱地为服务对象提供准确全面的服务。

8.3 应具有较强的语言表达能力、沟通能力和文字编辑能力，能主动了解和分析用户需求动态，针对用户需求及时有效收集和传递信息。

8.4 能够熟练操作计算机、电话和电视等各类信息终端开展各项信息服务，并帮助和指导涉农用户使用信息终端设备，提供信息咨询。

8.5 具备农业知识基础，能够对信息的科学性进行分析和把关，防止传播虚假信息，并将工作中出现的有关问题及时上报反馈主管部门。

8.6 农业科技信息服务专家应取得相应的专业技术职称或资质，同时具有与其资质相对应的农业生产实践经验。

9 服务管理制度

9.1 制定服务项目公示、服务登记、服务开放时间、服务响应、服务提供标准化培训、服务禁则等管理制度。

9.2 制定岗位管理制度，包括管理人员和服务工作人员岗位职责、考核指标、评估办法等。

10 服务供给

10.1 现场服务

10.1.1 现场服务流程

现场服务流程参见附录 A。

10.1.2 服务准备

提前到岗后，开启计算机等信息服务设备，检查设备运行情况，维护环境卫生。同时，检查服务标牌的整齐性、宣传资料的有效性。

10.1.3 欢迎访客

对来访者表示欢迎，面带微笑向用户致意问候。

10.1.4 询问引导

主动询问需要提供的帮助，准确有效解答用户咨询，并根据来访者需求，主动引导至功能区。

10.1.5 操作指导

及时协助指导来访者使用自助设备，示范操作方法、主动就用户操作过程中遇到的问题给予解答。

10.1.6 欢送访客

当访客准备离开时，主动向客户致意，表示送别。

10.1.7 记录存档

接待完毕，按照信息表填写用户基本情况，并归档保存，以便随时查询。

10.2 热线服务

10.2.1 热线服务流程

热线服务流程参见附录 B。

10.2.2 拨打热线

用户拨打热线号码后，接通热线服务系统，系统通过自动语音提示服务热线名称。

10.2.3 自动语音服务

系统提示如何通过不同按键操作以获取自动语音服务信息，并提示转人工服务按键号码。

10.2.4 接听

用户转人工服务后，值班坐席人员在电话铃响三声内接听来电。

10.2.5 询问

值班坐席人员进行简洁礼貌的问候，并询问用户需要咨询的问题，引导用户充分表达咨询的内容，并确认用户提出的问题。

10.2.6 记录

值班坐席人员在接听用户问题阐述的同时，对情况进行记录。

10.2.7 受理

对值班坐席人员能回答的问题，提示用户该问题由工作人员解答；对需要转接相应专家回答的问题，提示用户该问题由专家解答，并根据用户咨询问题涉及的内容，转接相应的专家。不能立即解答的，约定回复时间，商议解决方案，并在约定时间内，值班人员以热线名义进行解答。

10.2.8 评价

通话结束时，提示用户对服务做出非常满意、满意、不满意评价。

10.2.9 结束通话

向用户致欢送礼貌用语，并欢迎用户下次致电。

10.2.10 回访反馈

根据用户咨询的问题类型，间隔一定期限，对工作人员服务态度，专家服务效果情况进行回访，并进行记录。注重对典型问题的回访，以对服务效果进行经验总结，注重对用户问题未得到有效解决的原因进行分析处理，必要时向主管部门汇报。

10.2.11 资料归档

对整个咨询过程发生的文字材料、录音材料进行整理归档，供分析查阅。

10.3 短信服务

10.3.1 短信服务流程

手机短信服务流程参见附录 C。

10.3.2 服务订阅

10.3.2.1 发送订阅指令申请

根据短信服务提供方制定的信息栏目类型及相应指令代码，编制订阅指令，发送至短信服务提供商。

10.3.2.2 系统验证

对订阅指令进行验证，确认无误，向用户发送订阅事项、拟定制栏目及确认方法。确认有误，向用户发送正确操作提示。

10.3.2.3 确定订阅

根据确认方法编辑确认信息予以回复。

10.3.2.4 订阅成功状态提示

根据确认信息，提示订阅成功状态。若无用户确认回复，视无效订阅，订阅失败。

10.3.3 信息查询

10.3.3.1 发送查询指令信息

根据短信服务提供方制定的查询指令代码，编制查询指令，发送至服务提供商。

10.3.3.2 系统确认

对订阅指令进行验证，确认无误，进入下一步。确认有误，提示查询指令错误，提示正确操作方法。

10.3.3.3 信息发送

系统根据查询指令，将查询内容发送至用户手机。

10.3.4 服务退订

10.3.4.1 发送退订指令

根据短信服务提供方制定退订指令代码，编制订阅指令，发送至服务提供商。

10.3.4.2 系统验证

对订阅指令进行验证，确认无误，进入下一步。确认有误，向用户发送正确操作提示。

10.3.4.3 退订成功状态提示

系统验证指令，提示退订成功状态。

10.4 网站服务

10.4.1 网站自助获取信息服务

10.4.1.1 网站服务流程

网络自助获取信息服务流程参见图 D-1。

10.4.1.2 网址键入

打开网上浏览器，在浏览器中键入需要访问的网络系统网址，进入网络系统首页。

10.4.1.3 信息查询

分类查询：在分类导航目录处，选择需要搜索的农业信息类别，点击目录进入。

搜索查询：在搜索输入框处，键入需要查询的关键字，点击相应按钮提交。

综合查询：先选择需要搜索的农业科技信息类别，然后再在输入框中键入需要查询的关键字，点击相应按钮提交。

10.4.1.4 结果反馈

经信息查询操作后系统会自动反馈结果，并根据结果进行排序。

10.4.1.5 点击浏览

在查询反馈结果信息列表中，点击标题，浏览需要查看的信息内容。

10.4.2　人工协助获取信息服务

10.4.2.1　人工协助获取信息服务流程

人工协助获取信息服务流程参见图 D－2。

10.4.2.2　登陆系统

工作人员到岗后第一时间及时登陆在线客服系统，保持在线客服联机状态。

10.4.2.3　留言查看

查看在线客服系统离线留言、咨询留言及电子邮件，并及时给予详细回复。

10.4.2.4　接受咨询

有用户发起对话后，第一时间内向对方问候。态度谦和、热情礼貌。

10.4.2.5　应答处理

10.4.2.5.1　当用户提出问题后，要及时给予回复。

10.4.2.5.2　当用户提出的问题需要花时间查询求证时，需先向用户说明并表示歉意，让用户稍等。

10.4.2.5.3　当同时在线咨询者较多时，应对一一为其回复问题，未及时处理的对话要向对方表示歉意并请稍候。避免未解答问题积累过多而影响服务质量。

10.4.2.5.4　因繁忙或暂时离开而无法做到时，应开启自动回复。

10.4.2.6　交谈结束

致以礼貌的结束用语，并欢迎用户再次访问。

10.4.2.7　服务评价

服务完毕，提供评价选项，对服务进行监督改进。

10.4.2.8　记录汇总

访问用户退出后，应将客户咨询内容记录下来，以便汇总和查询。

附 录 A

（资料性附录）

公共服务场所人员接待服务流程

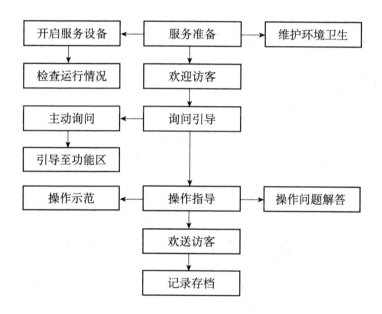

附图 A 公共服务场所人员接待服务流程图

附 录 B

（资料性附录）
农业科技服务热线服务流程

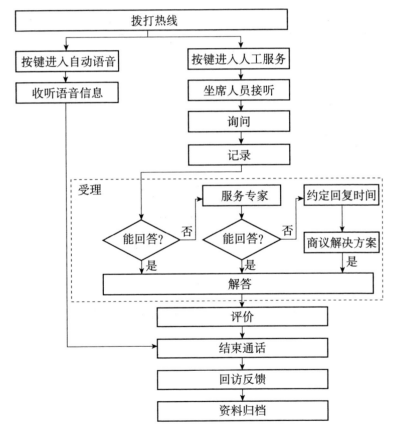

附图 B　农业科技服务热线服务流程图

附 录 C

（资料性附录）
农业科技信息短信服务流程

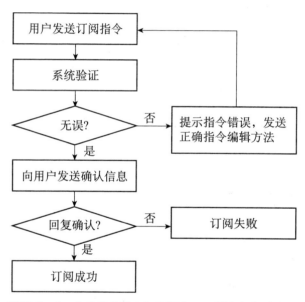

附图 C-1　农业科技信息短信服务——服务订阅流程图

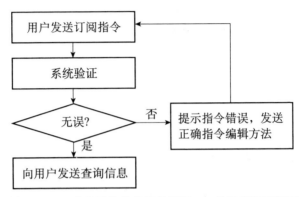

附图 C-2 农业科技信息短信服务——信息查询流程图

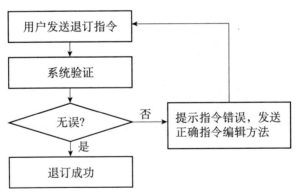

附图 C-3 农业科技信息短信服务——服务退订流程图

附 录 D

（资料性附录）

网络农业科技信息服务流程

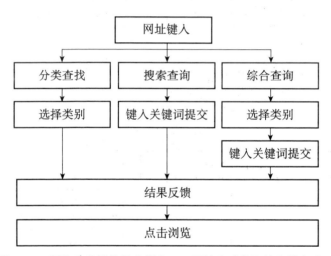

附图 D-1　网络农业科技信息服务——网络自助获取信息服务流程图

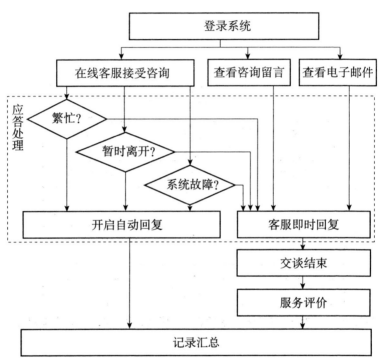

附图 D-2 网络农业科技信息服务——人工协助获取信息服务流程图

参 考 文 献

［1］李想．安徽省农业信息服务体系建设研究．安徽农业科学，2011（3）：1 852－1 853.

［2］张峻峰，孙素芬．北京农业信息服务工作中存在的问题与对策分析．现代情报，2003（9）：89－90.

［3］孙素芬，罗长寿．北京市农业信息服务体系建设实践与思考．农业图书情报学刊，2006（11）：22－25，36.

［4］赵静，袁志超．从"菜贱伤农"谈基层农业信息服务的缺失．情报杂志，2012（7）：144－148.

［5］郭作玉，朱平壤，杨阿麟．从法国农业信息服务情况看我国农业信息服务网络化建设——赴法国网络化农业信息服务培训报告．饲料广角，2000（4）：28－29.

［6］余斌，李崇光，赵正洲．对现代农业信息服务体系的初步研究．理论与改革，2004（3）：78－82.

［7］房桂芝．构建农业信息服务供给与需求的新方式——基于山东部分地区的实证分析．中国农学通报，2012（26）：291－297.

［8］郑广翠，王鲁燕，李道亮．关于我国基层农业信息服务模式的几点思考．农业图书情报学刊，2005（12）：194－197.

［9］韦志扬，梁贤，张进忠．广西农业信息服务方式现状分析．广西农业科学，2006（5）：617－621.

［10］蒋勇等．基层农业信息服务的实践与探索——以四川省阆中市农业信息服务建设为视角．湖北农业科学，2009（11）：2 903－2 907.

［11］庄传礼，等．基层农业信息服务能力的评价．统计与决策，2006（11）：54－55.

［12］吴文斗，刘鸿高，杨林楠．基于 WAP 技术的农业信息服务平台研究．安徽农业科学，2009（15）：7 294－7 295.

［13］赵雪芹．基于农业信息链的农业信息服务模式研究．科技情报开发与经济，2007（19）：136－137.

［14］郑闪，张晓凌．基于物联网技术的精细农业信息服务平台的研究．电脑与信息技术，2012（2）：50－55.

［15］李光达等．基于云计算的农业信息服务研究．安徽农业科学，2011（27）：16 959－16 961.

［16］马飞，孙树强．吉林省农业信息服务模式探讨．经济纵横，2004（2）：32－34，24.

［17］李泓欣，张学敏．吉林省农业信息服务体系指标构建及评价研究．情报科学，2014（6）：114－119，127.

［18］杜华章．江苏省农业信息服务体系建设研究．北京农业职业学院学报，2011（1）：15－18.

［19］赵立华，王兴录．论加强贫困地区农业信息服务．现代情报，2003（7）：181－129.

［20］郑火国，胡海燕．论农业信息服务的模式及其在"三农"中的作用．农业图书情报学刊，2005（2）：137－139，188.

［21］梁春阳．论农业信息服务绩效评价体系的构建——兼评我国农业及农村信息化测评模型研究．图书馆理论与实践，2012（9）：31－35.

［22］马德富，刘秀清．论新形势下我国农业信息服务面临的问题及对策．华中农业大学学报（社会科学版），2003（2）：10－12＋33.

［23］阮怀军，郑宏伟．美国的农业信息服务体系．山东农业科学，2001（2）：51－52.

［24］韩兴顺，等．农业信息服务发展水平评价研究．农机化研究，2007（10）：20－24.

［25］何志勇，蔡乐才，李红婵．农业信息服务体系研究．四川理工学院学报（自然科学版），2009（6）：50－53.

［26］张颖丽，成荣敏，刘彦圻．农业信息服务体系运行模式研究．经济纵横，2009（8）：89－92.

［27］郭美荣，李瑾，秦向阳．农业信息服务云平台架构初探．农业网络信息，2012（2）：13－16.

［28］陈诚等．农业信息服务重点、难点、关键点和发展对策．农机化研究，2014（8）：232－236.

［29］张博，李思经．浅谈新农村建设中农业信息服务模式的创新．中国农学通报，2007（4）：430－434.

［30］尚明华等．山东省农业信息服务平台构建思路与前景展望．农业网络信息，2006（2）：48－51.

［31］李晓，曹艳．四川农业信息服务体系战略选择．软科学，2007（5）：86－90.

［32］王川．我国农业信息服务模式的现状分析．农业网络信息，2005（6）：22－24.

［33］李应博，乔忠，彭影．我国农业信息服务体系的科技人才保障机制研究．农业科技管理，2005（5）：62－65.

［34］卓文飞．我国微观农业信息服务创新模式研究．河南农业科学，2007（3）：22－24.

［35］温继文，等．我国与美国农业信息服务体系建设的比较研究．南方农村，2006（1）：49－53.

［36］赵星等．物联网与云计算环境下的农业信息服务模式构建．农机化研究，2012（4）：142－147.

［37］高宏伟，等．新疆农业信息服务模式研究．农业网络信息，2009（5）：36－39.

［38］李景林．新疆农业信息服务网络建设现状及对策.

农机化研究, 2006 (8): 21 - 25.

[39] 王斌等. 新型农业信息服务模式研究. 安徽农业科学, 2012 (35): 17 386 - 17 389, 17 416.

[40] 茆意宏, 杨沅瑗, 黄水清. 新型农业信息服务平台用户利用实证分析. 国家图书馆学刊, 2013 (5): 68 - 73.

[41] 熊晓元. 以需求为主导构建有效农业信息服务模式. 农村经济, 2008 (4): 111 - 113.

[42] 魏清凤, 等. 云计算在我国农业信息服务中的研究现状与思考. 中国农业科技导报, 2013 (4): 151 - 155.

[43] 吴晓柯, 管孝锋, 朱莹. 浙江省农业信息服务体系建设的现状及发展方向. 浙江农业科学, 2011 (4): 969 - 971.

[44] 于冷, 张兴旺. 政府部门在农业信息服务工作中的定位问题探讨. 农业经济问题, 2003 (12): 38 - 42, 80.

[45] 胡笑梅. 政府主导型农业信息服务体系构建研究. 科技情报开发与经济, 2007 (36): 84 - 86.

[46] 李应博, 乔忠. 中国农业信息服务模式研究. 管理科学文摘, 2005 (9): 14 - 16.

[47] 郭作玉. 中国信息化趋势报告（五十七）解决农业信息服务"最后一公里"问题. 中国信息界, 2006 (20): 10 - 16.

[48] 胡莲香. 走向大数据知识服务: 大数据时代图书馆服务模式创新. 农业图书情报学刊, 2014, 26 (2): 173 - 177.

[49] 郑强, 奚翠平. 港口物流信息标准体系构建. 科技信息, 2009 (24): 369 + 371.

[50] 蒋东兴, 等. 高等学校管理信息标准体系研究. 中山大学学报（自然科学版）, 2009 (S1): 56 - 59, 62.

[51] 张蕊, 任冠华. 生殖健康公共服务信息标准体系框架研究. 中国标准化, 2014 (3): 53 - 56.

[52] 马自辉. 数字校园信息标准体系探讨. 科技创业家,

2014（8）：170.

［53］刘若微，施进．浙江省质监信息标准体系建设研究．中国标准导报，2014（9）：51－53，57.

［54］徐剑，曹振鹏，夏良杰．中小物流企业联盟的物流信息标准体系模型．商场现代化，2009（5）：132.

［55］李海燕，于彤，崔蒙．中医药信息标准体系的总体框架研究．世界科学技术—中医药现代化，2014（7）：1 593－1 596.

［56］祁兴华，虞舜．中医药信息标准体系建设关键问题．中国中医药信息杂志，2014（1）：7－9.

［57］张倩．服装物流信息标准体系的构建及其价值评估，北京交通大学，2010，69.

［58］周曦．武汉市社区卫生信息标准体系研究，华中科技大学，2009，62.

［59］曹振鹏．中小物流企业联盟的物流信息标准体系构建研究，沈阳工业大学，2008，62.

［60］李海燕．中医临床信息标准体系框架与体系表的构建研究，中国中医科学院，2012，144.

［61］董燕．中医药信息标准体系构建策略研究，中国中医科学院，2010，93.